아~름다운 샘 A~ssam 내신 FINAL

고1 수학

출제범위

중간고사 10회 다항식의 연산 - 이차함수의 최대, 최소

부록 고차방정식, 연립방정식

선생님! 제발 복사는~~T_T
교재의 문항에 대한 저작권을 지켜주시기를 간곡히 부탁드립니다.
바른 교육을 받고 성장한 학생들이 명예로운 사회를 만듭니다~♥

동영상 강의는 아샘 협력학원 선생님들의 강의를 제공받아 유튜브(아샘 채널)에 업로드하였습니다.

1학년 1학기 중간고사

부록

정답 및 해설

이 책의 **구성**

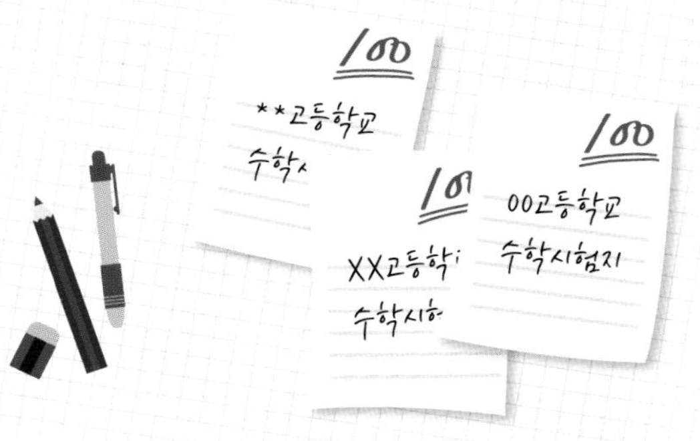

이것만 풀면 1등급~

전국 고등학교의 수학 시험지를 분석,
꼭 출제되는 중요 문항만을 선별하여
내신 시험을 책임질 수 있도록 만든

중간고사 예상문제지!!!

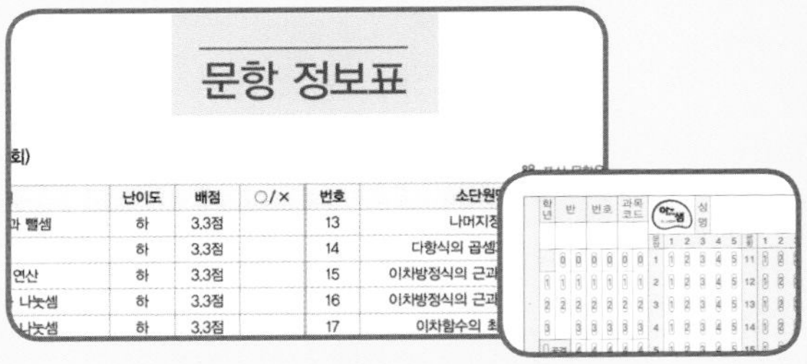

문항정보표 수록된 모든 문항에 대하여 내용영역, 난이도 등의 정보를 제공하였고, 어려운 문항에는 동영상 강의를 제공하여 이를 본문 또는 해설의 QR코드로 접속할 수 있게 하였습니다. 또한 OMR 카드를 제공하여 객관식 문항 표기를 연습할 수 있도록 하였습니다.

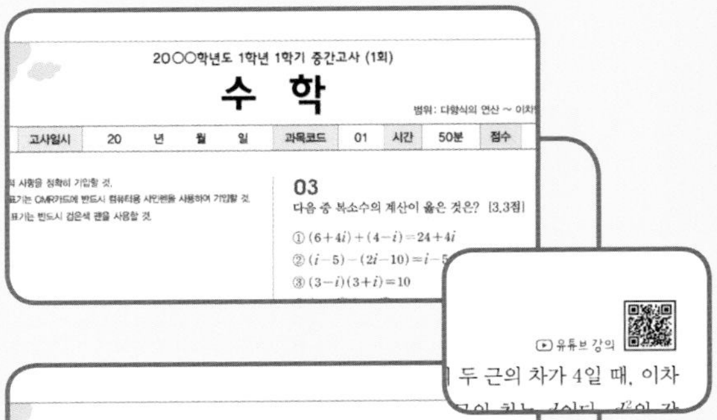

중간고사 1회~10회 1회당 23문항(객관식 18문항, 서술형 주관식 5문항)으로 구성하였습니다. 1회~8회의 문항은 학교 시험의 평균 난이도로 맞추었으며 9회~10회는 좀 더 난이도를 높여 구성하였습니다. 동영상 강의가 있는 문항에는 QR코드를 제공하여 유튜브-아름다운샘 채널에서 동영상 강의를 볼 수 있도록 하였습니다.

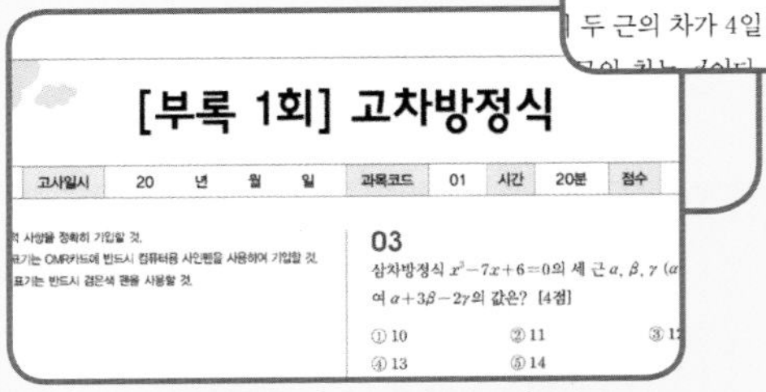

[부록] 고차방정식/연립방정식 1학기 중간고사 범위에 고차방정식/연립방정식이 포함된 학교 학생들을 위하여 고차방정식 3회, 연립방정식 1회를 추가로 구성하였으며 각 회별 8문항씩 수록하였습니다. 동영상 강의가 있는 문항에는 QR코드를 제공하였습니다.

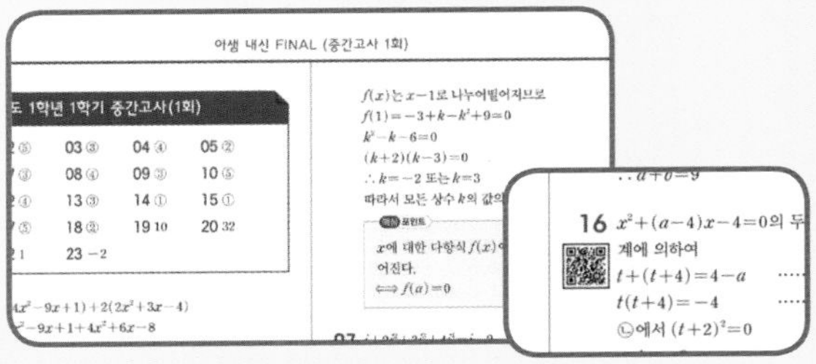

정답 및 해설 각 문항별 정답과 풀이를 제공하고 서술형 주관식 문제에는 채점기준표를 제공하였습니다. 또한 유용한 개념 또는 공식은 핵심포인트에 수록하였고 다른 풀이가 있는 문항에는 다른 풀이를 실었습니다. 본문과 마찬가지로 동영상 강의가 있는 문항에는 QR코드를 제공하였습니다.

학년	반	번호	과목코드	성명		과목		년 월 일 제 회 1학기 중간고사	감독	

학년	반	반	번호	번호	과목코드	과목코드	문항	1	2	3	4	5	문항	1	2	3	4	5	문항	1	2	3	4	5	문항	1	2	3	4	5	문항	1	2	3	4	5	정정 확인
	0	0	0	0	0	0	1	1	2	3	4	5	11	1	2	3	4	5	21	1	2	3	4	5	31	1	2	3	4	5	41	1	2	3	4	5	문항번호 ( ) ( )번을 ( )번으로 정정 감독확인 (인)
1	1	1	1	1	1	1	2	1	2	3	4	5	12	1	2	3	4	5	22	1	2	3	4	5	32	1	2	3	4	5	42	1	2	3	4	5	
2	2	2	2	2	2	2	3	1	2	3	4	5	13	1	2	3	4	5	23	1	2	3	4	5	33	1	2	3	4	5	43	1	2	3	4	5	
3		3	3	3	3	3	4	1	2	3	4	5	14	1	2	3	4	5	24	1	2	3	4	5	34	1	2	3	4	5	44	1	2	3	4	5	문항번호 ( ) ( )번을 ( )번으로 정정 감독확인 (인)
공결		4	4	4	4	4	5	1	2	3	4	5	15	1	2	3	4	5	25	1	2	3	4	5	35	1	2	3	4	5	45	1	2	3	4	5	
병결		5	5	5	5	5	6	1	2	3	4	5	16	1	2	3	4	5	26	1	2	3	4	5	36	1	2	3	4	5	46	1	2	3	4	5	
상고		6	6	6	6	6	7	1	2	3	4	5	17	1	2	3	4	5	27	1	2	3	4	5	37	1	2	3	4	5	47	1	2	3	4	5	
무단		7	7	7	7	7	8	1	2	3	4	5	18	1	2	3	4	5	28	1	2	3	4	5	38	1	2	3	4	5	48	1	2	3	4	5	문항번호 ( ) ( )번을 ( )번으로 정정 감독확인 (인)
부정		8		8	8	8	9	1	2	3	4	5	19	1	2	3	4	5	29	1	2	3	4	5	39	1	2	3	4	5	49	1	2	3	4	5	
기타		9		9	9	9	10	1	2	3	4	5	20	1	2	3	4	5	30	1	2	3	4	5	40	1	2	3	4	5	50	1	2	3	4	5	

학년	반	번호	과목코드	성명		과목		년 월 일 제 회 1학기 중간고사	감독	

학년	반	반	번호	번호	과목코드	과목코드	문항	1	2	3	4	5	문항	1	2	3	4	5	문항	1	2	3	4	5	문항	1	2	3	4	5	문항	1	2	3	4	5	정정 확인
	0	0	0	0	0	0	1	1	2	3	4	5	11	1	2	3	4	5	21	1	2	3	4	5	31	1	2	3	4	5	41	1	2	3	4	5	문항번호 ( ) ( )번을 ( )번으로 정정 감독확인 (인)
1	1	1	1	1	1	1	2	1	2	3	4	5	12	1	2	3	4	5	22	1	2	3	4	5	32	1	2	3	4	5	42	1	2	3	4	5	
2	2	2	2	2	2	2	3	1	2	3	4	5	13	1	2	3	4	5	23	1	2	3	4	5	33	1	2	3	4	5	43	1	2	3	4	5	
3		3	3	3	3	3	4	1	2	3	4	5	14	1	2	3	4	5	24	1	2	3	4	5	34	1	2	3	4	5	44	1	2	3	4	5	문항번호 ( ) ( )번을 ( )번으로 정정 감독확인 (인)
공결		4	4	4	4	4	5	1	2	3	4	5	15	1	2	3	4	5	25	1	2	3	4	5	35	1	2	3	4	5	45	1	2	3	4	5	
병결		5	5	5	5	5	6	1	2	3	4	5	16	1	2	3	4	5	26	1	2	3	4	5	36	1	2	3	4	5	46	1	2	3	4	5	
상고		6	6	6	6	6	7	1	2	3	4	5	17	1	2	3	4	5	27	1	2	3	4	5	37	1	2	3	4	5	47	1	2	3	4	5	
무단		7	7	7	7	7	8	1	2	3	4	5	18	1	2	3	4	5	28	1	2	3	4	5	38	1	2	3	4	5	48	1	2	3	4	5	문항번호 ( ) ( )번을 ( )번으로 정정 감독확인 (인)
부정		8		8	8	8	9	1	2	3	4	5	19	1	2	3	4	5	29	1	2	3	4	5	39	1	2	3	4	5	49	1	2	3	4	5	
기타		9		9	9	9	10	1	2	3	4	5	20	1	2	3	4	5	30	1	2	3	4	5	40	1	2	3	4	5	50	1	2	3	4	5	

학년	반	번호	과목코드	성명		과목		년 월 일 제 회 1학기 중간고사	감독	

학년	반	반	번호	번호	과목코드	과목코드	문항	1	2	3	4	5	문항	1	2	3	4	5	문항	1	2	3	4	5	문항	1	2	3	4	5	문항	1	2	3	4	5	정정 확인
	0	0	0	0	0	0	1	1	2	3	4	5	11	1	2	3	4	5	21	1	2	3	4	5	31	1	2	3	4	5	41	1	2	3	4	5	문항번호 ( ) ( )번을 ( )번으로 정정 감독확인 (인)
1	1	1	1	1	1	1	2	1	2	3	4	5	12	1	2	3	4	5	22	1	2	3	4	5	32	1	2	3	4	5	42	1	2	3	4	5	
2	2	2	2	2	2	2	3	1	2	3	4	5	13	1	2	3	4	5	23	1	2	3	4	5	33	1	2	3	4	5	43	1	2	3	4	5	
3		3	3	3	3	3	4	1	2	3	4	5	14	1	2	3	4	5	24	1	2	3	4	5	34	1	2	3	4	5	44	1	2	3	4	5	문항번호 ( ) ( )번을 ( )번으로 정정 감독확인 (인)
공결		4	4	4	4	4	5	1	2	3	4	5	15	1	2	3	4	5	25	1	2	3	4	5	35	1	2	3	4	5	45	1	2	3	4	5	
병결		5	5	5	5	5	6	1	2	3	4	5	16	1	2	3	4	5	26	1	2	3	4	5	36	1	2	3	4	5	46	1	2	3	4	5	
상고		6	6	6	6	6	7	1	2	3	4	5	17	1	2	3	4	5	27	1	2	3	4	5	37	1	2	3	4	5	47	1	2	3	4	5	
무단		7	7	7	7	7	8	1	2	3	4	5	18	1	2	3	4	5	28	1	2	3	4	5	38	1	2	3	4	5	48	1	2	3	4	5	문항번호 ( ) ( )번을 ( )번으로 정정 감독확인 (인)
부정		8		8	8	8	9	1	2	3	4	5	19	1	2	3	4	5	29	1	2	3	4	5	39	1	2	3	4	5	49	1	2	3	4	5	
기타		9		9	9	9	10	1	2	3	4	5	20	1	2	3	4	5	30	1	2	3	4	5	40	1	2	3	4	5	50	1	2	3	4	5	

학년	반	번호	과목코드	아~쌤 A-ssam	성명		과목		년 월 일 제 회 1학기 중간고사	감독	

학년	반	반	번호	번호	과목코드	과목코드	문항	1	2	3	4	5	문항	1	2	3	4	5	문항	1	2	3	4	5	문항	1	2	3	4	5	문항	1	2	3	4	5	정정확인
	0	0	0	0	0	0	1	1	2	3	4	5	11	1	2	3	4	5	21	1	2	3	4	5	31	1	2	3	4	5	41	1	2	3	4	5	문항번호 ( )
1	1	1	1	1	1	1	2	1	2	3	4	5	12	1	2	3	4	5	22	1	2	3	4	5	32	1	2	3	4	5	42	1	2	3	4	5	( )번을 ( )번으로 정정
2	2	2	2	2	2	2	3	1	2	3	4	5	13	1	2	3	4	5	23	1	2	3	4	5	33	1	2	3	4	5	43	1	2	3	4	5	감독확인 (인)
3		3	3	3	3	3	4	1	2	3	4	5	14	1	2	3	4	5	24	1	2	3	4	5	34	1	2	3	4	5	44	1	2	3	4	5	
공결		4	4	4	4	4	5	1	2	3	4	5	15	1	2	3	4	5	25	1	2	3	4	5	35	1	2	3	4	5	45	1	2	3	4	5	문항번호 ( ) ( )번을
병결		5	5	5	5	5	6	1	2	3	4	5	16	1	2	3	4	5	26	1	2	3	4	5	36	1	2	3	4	5	46	1	2	3	4	5	( )번으로 정정
상고		6	6	6	6	6	7	1	2	3	4	5	17	1	2	3	4	5	27	1	2	3	4	5	37	1	2	3	4	5	47	1	2	3	4	5	감독확인 (인)
무단		7	7	7	7	7	8	1	2	3	4	5	18	1	2	3	4	5	28	1	2	3	4	5	38	1	2	3	4	5	48	1	2	3	4	5	문항번호 ( ) ( )번을
부정		8		8	8	8	9	1	2	3	4	5	19	1	2	3	4	5	29	1	2	3	4	5	39	1	2	3	4	5	49	1	2	3	4	5	( )번으로 정정
기타		9		9	9	9	10	1	2	3	4	5	20	1	2	3	4	5	30	1	2	3	4	5	40	1	2	3	4	5	50	1	2	3	4	5	감독확인 (인)

학년	반	번호	과목코드	아~쌤 A-ssam	성명		과목		년 월 일 제 회 1학기 중간고사	감독	

학년	반	반	번호	번호	과목코드	과목코드	문항	1	2	3	4	5	문항	1	2	3	4	5	문항	1	2	3	4	5	문항	1	2	3	4	5	문항	1	2	3	4	5	정정확인
	0	0	0	0	0	0	1	1	2	3	4	5	11	1	2	3	4	5	21	1	2	3	4	5	31	1	2	3	4	5	41	1	2	3	4	5	문항번호 ( )
1	1	1	1	1	1	1	2	1	2	3	4	5	12	1	2	3	4	5	22	1	2	3	4	5	32	1	2	3	4	5	42	1	2	3	4	5	( )번을 ( )번으로 정정
2	2	2	2	2	2	2	3	1	2	3	4	5	13	1	2	3	4	5	23	1	2	3	4	5	33	1	2	3	4	5	43	1	2	3	4	5	감독확인 (인)
3		3	3	3	3	3	4	1	2	3	4	5	14	1	2	3	4	5	24	1	2	3	4	5	34	1	2	3	4	5	44	1	2	3	4	5	
공결		4	4	4	4	4	5	1	2	3	4	5	15	1	2	3	4	5	25	1	2	3	4	5	35	1	2	3	4	5	45	1	2	3	4	5	문항번호 ( ) ( )번을
병결		5	5	5	5	5	6	1	2	3	4	5	16	1	2	3	4	5	26	1	2	3	4	5	36	1	2	3	4	5	46	1	2	3	4	5	( )번으로 정정
상고		6	6	6	6	6	7	1	2	3	4	5	17	1	2	3	4	5	27	1	2	3	4	5	37	1	2	3	4	5	47	1	2	3	4	5	감독확인 (인)
무단		7	7	7	7	7	8	1	2	3	4	5	18	1	2	3	4	5	28	1	2	3	4	5	38	1	2	3	4	5	48	1	2	3	4	5	문항번호 ( ) ( )번을
부정		8		8	8	8	9	1	2	3	4	5	19	1	2	3	4	5	29	1	2	3	4	5	39	1	2	3	4	5	49	1	2	3	4	5	( )번으로 정정
기타		9		9	9	9	10	1	2	3	4	5	20	1	2	3	4	5	30	1	2	3	4	5	40	1	2	3	4	5	50	1	2	3	4	5	감독확인 (인)

학년	반	번호	과목코드	아~쌤 A-ssam	성명		과목		년 월 일 제 회 1학기 중간고사	감독	

학년	반	반	번호	번호	과목코드	과목코드	문항	1	2	3	4	5	문항	1	2	3	4	5	문항	1	2	3	4	5	문항	1	2	3	4	5	문항	1	2	3	4	5	정정확인
	0	0	0	0	0	0	1	1	2	3	4	5	11	1	2	3	4	5	21	1	2	3	4	5	31	1	2	3	4	5	41	1	2	3	4	5	문항번호 ( )
1	1	1	1	1	1	1	2	1	2	3	4	5	12	1	2	3	4	5	22	1	2	3	4	5	32	1	2	3	4	5	42	1	2	3	4	5	( )번을 ( )번으로 정정
2	2	2	2	2	2	2	3	1	2	3	4	5	13	1	2	3	4	5	23	1	2	3	4	5	33	1	2	3	4	5	43	1	2	3	4	5	감독확인 (인)
3		3	3	3	3	3	4	1	2	3	4	5	14	1	2	3	4	5	24	1	2	3	4	5	34	1	2	3	4	5	44	1	2	3	4	5	
공결		4	4	4	4	4	5	1	2	3	4	5	15	1	2	3	4	5	25	1	2	3	4	5	35	1	2	3	4	5	45	1	2	3	4	5	문항번호 ( ) ( )번을
병결		5	5	5	5	5	6	1	2	3	4	5	16	1	2	3	4	5	26	1	2	3	4	5	36	1	2	3	4	5	46	1	2	3	4	5	( )번으로 정정
상고		6	6	6	6	6	7	1	2	3	4	5	17	1	2	3	4	5	27	1	2	3	4	5	37	1	2	3	4	5	47	1	2	3	4	5	감독확인 (인)
무단		7	7	7	7	7	8	1	2	3	4	5	18	1	2	3	4	5	28	1	2	3	4	5	38	1	2	3	4	5	48	1	2	3	4	5	문항번호 ( ) ( )번을
부정		8		8	8	8	9	1	2	3	4	5	19	1	2	3	4	5	29	1	2	3	4	5	39	1	2	3	4	5	49	1	2	3	4	5	( )번으로 정정
기타		9		9	9	9	10	1	2	3	4	5	20	1	2	3	4	5	30	1	2	3	4	5	40	1	2	3	4	5	50	1	2	3	4	5	감독확인 (인)

문항 정보표

■ 1학년 1학기 중간고사(1회)

표시 문항은 동영상 강의가 제공되는 문항입니다.

번호	소단원명	난이도	배점	○/×	번호	소단원명	난이도	배점	○/×
1	다항식의 덧셈과 뺄셈	하	3.3점		13	나머지정리	중상	4점	
2	항등식	하	3.3점		14	다항식의 곱셈과 나눗셈	중상	4점	
3	복소수와 그 연산	하	3.3점		15	이차방정식의 근과 계수의 관계	중상	4점	
4	다항식의 곱셈과 나눗셈	하	3.3점		16	이차방정식의 근과 계수의 관계	중상	4점	
5	다항식의 곱셈과 나눗셈	하	3.3점		17	이차함수의 최대, 최소	상	4점	
6	나머지정리	중하	3.3점		18	이차함수의 최대, 최소	상	4점	
7	복소수와 그 연산	중하	3.7점		19	나머지정리	중하	6점	
8	복소수와 그 연산	중하	3.7점		20	이차방정식의 근과 계수의 관계	중하	6점	
9	이차방정식의 판별식	중하	3.7점		21	나머지정리	중상	6점	
10	이차방정식과 이차함수	중하	3.7점		22	이차함수의 최대, 최소	상	8점	
11	이차방정식과 이차항수	중상	3.7점		23	이차함수의 최대, 최소	최상	8점	
12	다항식의 곱셈과 나눗셈	중상	3.7점						

■ 1학년 1학기 중간고사(2회)

번호	소단원명	난이도	배점	○/×	번호	소단원명	난이도	배점	○/×
1	다항식의 덧셈과 뺄셈	하	3.3점		13	다항식의 곱셈과 나눗셈	중상	4점	
2	다항식의 곱셈과 나눗셈	하	3.3점		14	복소수와 그 연산	중상	4점	
3	나머지정리	하	3.3점		15	이차방정식의 판별식	중상	4점	
4	이차방정식의 판별식	하	3.3점		16	이차방정식의 근과 계수의 관계	중상	4점	
5	인수분해	하	3.3점		17	이차방정식의 근과 계수의 관계	상	4점	
6	복소수와 그 연산	하	3.3점		18	나머지정리	상	4점	
7	나머지정리	중하	3.7점		19	복소수와 그 연산	중상	6점	
8	다항식의 곱셈과 나눗셈	중하	3.7점		20	이차방정식의 근과 계수의 관계	중상	6점	
9	항등식	중하	3.7점		21	이차방정식과 이차함수	상	6점	
10	인수분해	중하	3.7점		22	이차함수의 최대, 최소	상	8점	
11	이차방정식과 이차함수	중하	3.7점		23	이차방정식의 근과 계수의 관계	최상	8점	
12	이차함수의 최대, 최소	중하	3.7점						

■ 1학년 1학기 중간고사(3회)

번호	소단원명	난이도	배점	○/×	번호	소단원명	난이도	배점	○/×
1	다항식의 덧셈과 뺄셈	하	3.3점		13	이차함수의 최대, 최소	중상	4점	
2	다항식의 곱셈과 나눗셈	하	3.3점		14	나머지정리	중상	4점	
3	다항식의 곱셈과 나눗셈	하	3.3점		15	인수분해	상	4점	
4	인수분해	하	3.3점		16	이차방정식의 근과 계수의 관계	중상	4점	
5	다항식의 곱셈과 나눗셈	중하	3.3점		17	이차방정식의 근과 계수의 관계	중상	4점	
6	복소수와 그 연산	중하	3.3점		18	복소수와 그 연산	상	4점	
7	인수분해	중하	3.7점		19	이차방정식의 근과 계수의 관계	하	6점	
8	다항식의 곱셈과 나눗셈	중하	3.7점		20	나머지정리	중하	6점	
9	복소수와 그 연산	중하	3.7점		21	이차함수의 최대, 최소	중상	6점	
10	이차방정식과 이차함수	중하	3.7점		22	항등식	중상	8점	
11	이차방정식과 이차함수	중하	3.7점		23	나머지정리	최상	8점	
12	이차방정식과 이차함수	중상	3.7점						

■ 1학년 1학기 중간고사(4회)

번호	소단원명	난이도	배점	○/×	번호	소단원명	난이도	배점	○/×
1	다항식의 덧셈과 뺄셈	하	3.3점		13	다항식의 곱셈과 나눗셈	중상	4점	
2	다항식의 곱셈과 나눗셈	하	3.3점		14	이차방정식의 근과 계수의 관계 🎥	중상	4점	
3	항등식	하	3.3점		15	복소수와 그 연산	중상	4점	
4	인수분해	하	3.3점		16	이차방정식과 이차함수	중상	4점	
5	복소수와 그 연산	중하	3.3점		17	이차방정식과 이차함수 🎥	중상	4점	
6	복소수와 그 연산	중하	3.3점		18	이차방정식의 근과 계수의 관계 🎥	상	4점	
7	다항식의 곱셈과 나눗셈	중하	3.7점		19	나머지정리	중하	6점	
8	인수분해	중하	3.7점		20	이차방정식의 근과 계수의 관계	중하	6점	
9	복소수와 그 연산	중하	3.7점		21	이차함수의 최대, 최소 🎥	상	6점	
10	이차방정식의 판별식	중하	3.7점		22	나머지정리	상	8점	
11	이차방정식과 이차함수	중하	3.7점		23	이차방정식의 근과 계수의 관계 🎥	최상	8점	
12	이차함수의 최대, 최소	중하	3.7점						

■ 1학년 1학기 중간고사(5회)

번호	소단원명	난이도	배점	○/×	번호	소단원명	난이도	배점	○/×
1	다항식의 덧셈과 뺄셈	하	3.3점		13	나머지정리	중하	4점	
2	항등식	하	3.3점		14	나머지정리	중상	4점	
3	복소수와 그 연산	하	3.3점		15	이차함수의 최대, 최소 🎥	중상	4점	
4	복소수와 그 연산	하	3.3점		16	이차방정식과 이차함수 🎥	상	4점	
5	이차방정식의 판별식	중하	3.3점		17	복소수와 그 연산 🎥	상	4점	
6	이차방정식과 이차함수	중하	3.3점		18	이차방정식의 근과 계수의 관계	상	4점	
7	다항식의 곱셈과 나눗셈	중하	3.7점		19	다항식의 곱셈과 나눗셈	중하	6점	
8	인수분해	중하	3.7점		20	이차방정식의 근과 계수의 관계	중상	6점	
9	인수분해	중하	3.7점		21	나머지정리 🎥	상	6점	
10	이차함수의 최대, 최소	중하	3.7점		22	인수분해	상	8점	
11	이차방정식의 근과 계수의 관계	중하	3.7점		23	이차함수의 최대, 최소 🎥	최상	8점	
12	이차방정식과 이차함수	중하	3.7점						

■ 1학년 1학기 중간고사(6회)

번호	소단원명	난이도	배점	○/×	번호	소단원명	난이도	배점	○/×
1	다항식의 덧셈과 뺄셈	하	3.3점		13	항등식 🎥	중상	4점	
2	복소수와 그 연산	하	3.3점		14	이차방정식의 판별식	중상	4점	
3	인수분해	하	3.3점		15	이차방정식과 이차함수 🎥	중상	4점	
4	인수분해	하	3.3점		16	복소수와 그 연산	중상	4점	
5	이차방정식의 근과 계수의 관계	하	3.3점		17	나머지정리	중상	4점	
6	나머지정리	하	3.3점		18	이차방정식과 이차함수 🎥	상	4점	
7	다항식의 곱셈과 나눗셈	중하	3.7점		19	이차방정식과 이차함수	중하	6점	
8	나머지정리	중하	3.7점		20	나머지정리	중상	6점	
9	인수분해	중하	3.7점		21	이차함수의 최대, 최소	중상	6점	
10	복소수와 그 연산	중하	3.7점		22	이차함수의 최대, 최소 🎥	상	8점	
11	이차방정식의 근과 계수의 관계	중상	3.7점		23	이차방정식의 근과 계수의 관계 🎥	최상	8점	
12	이차방정식과 이차함수	중상	3.7점						

■ 1학년 1학기 중간고사(7회)

번호	소단원명	난이도	배점	○/×	번호	소단원명	난이도	배점	○/×
1	다항식의 덧셈과 뺄셈	하	3.3점		13	인수분해	중상	4점	
2	인수분해	하	3.3점		14	이차방정식의 근과 계수의 관계	중상	4점	
3	인수분해	하	3.3점		15	이차방정식과 이차함수	중상	4점	
4	복소수와 그 연산	하	3.3점		16	이차함수의 최대, 최소	중상	4점	
5	복소수와 그 연산	중하	3.3점		17	이차함수의 최대, 최소	상	4점	
6	이차방정식의 근과 계수의 관계	중하	3.3점		18	나머지정리	상	4점	
7	다항식의 곱셈과 나눗셈	중하	3.7점		19	이차방정식의 근과 계수의 관계	하	6점	
8	인수분해	중하	3.7점		20	다항식의 곱셈과 나눗셈	중하	6점	
9	인수분해	중하	3.7점		21	이차방정식과 이차함수	중상	6점	
10	복소수와 그 연산	중하	3.7점		22	나머지정리	상	8점	
11	이차방정식의 판별식	중하	3.7점		23	이차방정식과 이차함수	최상	8점	
12	이차함수의 최대, 최소	중상	3.7점						

■ 1학년 1학기 중간고사(8회)

번호	소단원명	난이도	배점	○/×	번호	소단원명	난이도	배점	○/×
1	다항식의 곱셈과 나눗셈	하	3.3점		13	나머지정리	중상	4점	
2	다항식의 곱셈과 나눗셈	하	3.3점		14	이차방정식의 근과 계수의 관계	중상	4점	
3	복소수와 그 연산	하	3.3점		15	이차함수의 최대, 최소	중상	4점	
4	복소수와 그 연산	중하	3.3점		16	인수분해	중상	4점	
5	이차방정식의 근과 계수의 관계	중하	3.3점		17	인수분해	상	4점	
6	이차방정식과 이차함수	중하	3.3점		18	이차함수의 최대, 최소	상	4점	
7	인수분해	중하	3.7점		19	인수분해	하	6점	
8	나머지정리	중하	3.7점		20	이차방정식의 근과 계수의 관계	중하	6점	
9	복소수와 그 연산	중하	3.7점		21	다항식의 곱셈과 나눗셈	중상	6점	
10	이차방정식의 판별식	중상	3.7점		22	나머지정리	상	8점	
11	이차방정식의 판별식	중상	3.7점		23	이차함수의 최대, 최소	최상	8점	
12	이차방정식과 이차함수	중상	3.7점						

■ 1학년 1학기 중간고사(9회)

번호	소단원명	난이도	배점	○/×	번호	소단원명	난이도	배점	○/×
1	다항식의 덧셈과 뺄셈	하	3.3점		13	복소수와 그 연산	상	4점	
2	다항식의 곱셈과 나눗셈	하	3.3점		14	이차방정식의 근과 계수의 관계	중상	4점	
3	인수분해	하	3.3점		15	이차함수의 최대, 최소	상	4점	
4	복소수와 그 연산	중하	3.3점		16	이차방정식의 근과 계수의 관계	중상	4점	
5	복소수와 그 연산	중하	3.3점		17	이차방정식과 이차함수	상	4점	
6	이차방정식의 판별식	중하	3.3점		18	다항식의 곱셈과 나눗셈	상	4점	
7	나머지정리	중상	3.7점		19	복소수와 그 연산	중상	6점	
8	나머지정리	중상	3.7점		20	인수분해	중상	6점	
9	항등식	중상	3.7점		21	다항식의 곱셈과 나눗셈	중상	6점	
10	이차방정식의 판별식	중상	3.7점		22	복소수와 그 연산	최상	8점	
11	이차방정식의 근과 계수의 관계	중상	3.7점		23	나머지정리	최상	8점	
12	이차함수의 최대, 최소	중상	3.7점						

■ 1학년 1학기 중간고사(10회)

번호	소단원명	난이도	배점	○/×	번호	소단원명	난이도	배점	○/×
1	다항식의 덧셈과 뺄셈	하	3.3점		13	다항식의 곱셈과 나눗셈	중상	4점	
2	이차방정식의 근과 계수의 관계	중하	3.3점		14	인수분해	상	4점	
3	이차함수의 최대, 최소	중하	3.3점		15	복소수와 그 연산	상	4점	
4	이차방정식의 근과 계수의 관계	중하	3.3점		16	다항식의 곱셈과 나눗셈	상	4점	
5	이차방정식의 판별식	중하	3.3점		17	다항식의 곱셈과 나눗셈	상	4점	
6	이차방정식의 근과 계수의 관계	중상	3.3점		18	이차방정식과 이차함수	상	4점	
7	다항식의 곱셈과 나눗셈	중상	3.7점		19	복소수와 그 연산	중하	6점	
8	나머지정리	중상	3.7점		20	항등식	중상	6점	
9	복소수와 그 연산	중상	3.7점		21	인수분해	상	6점	
10	복소수와 그 연산	중상	3.7점		22	이차방정식과 이차함수	상	8점	
11	이차방정식의 판별식	중상	3.7점		23	나머지정리	최상	8점	
12	이차방정식의 판별식	중상	3.7점						

■ [부록 1회] 고차방정식

번호	소단원명	난이도	배점	○/×	번호	소단원명	난이도	배점	○/×
1	고차방정식	하	4점		5	고차방정식	중상	5점	
2	고차방정식	중하	4점		6	고차방정식	중상	5점	
3	고차방정식	중하	4점		7	고차방정식	상	6점	
4	고차방정식	중하	4점		8	고차방정식	최상	8점	

■ [부록 2회] 고차방정식

번호	소단원명	난이도	배점	○/×	번호	소단원명	난이도	배점	○/×
1	고차방정식	하	4점		5	고차방정식	중상	5점	
2	고차방정식	중하	4점		6	고차방정식	상	5점	
3	고차방정식	중하	4점		7	고차방정식	중상	6점	
4	고차방정식	중하	4점		8	고차방정식	최상	8점	

■ [부록 3회] 고차방정식

번호	소단원명	난이도	배점	○/×	번호	소단원명	난이도	배점	○/×
1	고차방정식	하	4점		5	고차방정식	중상	5점	
2	고차방정식	중하	4점		6	고차방정식	상	5점	
3	고차방정식	중상	4점		7	고차방정식	중상	6점	
4	고차방정식	중상	4점		8	고차방정식	최상	8점	

■ [부록 4회] 연립방정식

번호	소단원명	난이도	배점	○/×	번호	소단원명	난이도	배점	○/×
1	연립방정식	하	4점		5	연립방정식	중상	5점	
2	연립방정식	중하	4점		6	연립방정식	상	5점	
3	연립방정식	중하	4점		7	연립방정식	상	6점	
4	연립방정식	중상	4점		8	연립방정식	최상	8점	

20○○학년도 1학년 1학기 중간고사 (1회)

수 학

범위: 다항식의 연산 ~ 이차함수의 최대, 최소

대상	1학년	고사일시	20 년 월 일	과목코드	01	시간	50분	점수	/100점

- 답안지에 필요한 인적 사항을 정확히 기입할 것.
- 객관식 문제의 답안 표기는 OMR카드에 반드시 컴퓨터용 사인펜을 사용하여 기입할 것.
- 주관식 문제의 답안 표기는 반드시 검은색 펜을 사용할 것.

객관식

01

두 다항식 $A=4x^2-9x+1$, $B=2x^2+3x-4$에 대하여 $A+2B$를 간단히 하면? [3.3점]

① $8x^2-3x-7$　② $8x^2+5x-5$
③ $10x^2-3x-7$　④ $10x^2-3x-3$
⑤ $11x^2+5x-7$

02

모든 실수 x, y에 대하여 등식

$$a(x+2y)+b(2x-y)+5y=0$$

이 성립할 때, 두 상수 a, b의 합 $a+b$의 값은? [3.3점]

① -5　② -4　③ -3
④ -2　⑤ -1

03

다음 중 복소수의 계산이 옳은 것은? [3.3점]

① $(6+4i)+(4-i)=24+4i$
② $(i-5)-(2i-10)=i-5$
③ $(3-i)(3+i)=10$
④ $(1-i^2)(1+i^2)=2$
⑤ $\frac{1+i}{1-i}=-i$

04

다항식 $(x-1)(x-2)(x-3)(x-4)$를 전개하였을 때, x의 계수를 a, 상수항을 b라 하자. 이때, $b-a$의 값은? [3.3점]

① 68　② 70　③ 72
④ 74　⑤ 76

05

실수 x에 대하여 $x^2-5x+1=0$이 성립할 때, $x^2+\frac{1}{x^2}$의 값은? [3.3점]

① 21 ② 23 ③ 25
④ 27 ⑤ 29

06

x에 대한 다항식 $-3x^3+kx^2-k^2x+9$가 $x-1$로 나누어떨어지도록 하는 모든 상수 k의 값의 합은? [3.3점]

① 1 ② 3 ③ 5
④ 7 ⑤ 9

07

두 실수 a, b가 $i+2i^2+3i^3+4i^4+\cdots+8i^8=a+bi$를 만족할 때, $a+b$의 값은? [3.7점]

① -12 ② -6 ③ 0
④ 6 ⑤ 12

08

$\sqrt{-2}\sqrt{-18}+\frac{\sqrt{12}}{\sqrt{-3}}-\frac{\sqrt{-8}}{\sqrt{-2}}=a+bi$를 만족시키는 두 실수 a, b에 대하여 $a+b$의 값은? [3.7점]

① -16 ② -14 ③ -12
④ -10 ⑤ -8

09

x에 대한 이차방정식 $x^2+2(k-1)x+k^2-10=0$이 서로 다른 두 실근을 갖도록 하는 모든 자연수 k의 개수는? [3.7점]

① 1　② 3　③ 5
④ 7　⑤ 9

10

이차함수 $y=x^2+4x-k$의 그래프가 x축과 만나지 않도록 하는 실수 k의 값의 범위는? [3.7점]

① $k>2$　② $k<2$　③ $k>-2$
④ $k\geq-4$　⑤ $k<-4$

11

이차함수 $y=x^2+ax+b$의 그래프가 두 직선 $y=-x+4$, $y=3x+3$에 동시에 접할 때, 두 상수 a, b에 대하여 ab의 값은? [3.7점]

① $\frac{71}{32}$　② $\frac{73}{32}$　③ $\frac{75}{32}$
④ $\frac{77}{32}$　⑤ $\frac{79}{32}$

12

$x=\frac{2020^3+1}{2019\times2020+1}$이라 할 때, $\frac{x-1}{x+1}$의 값은? [3.7점]

① $\frac{1004}{1011}$　② $\frac{1006}{1011}$　③ $\frac{1008}{1011}$
④ $\frac{1010}{1011}$　⑤ $\frac{1012}{1011}$

13

다항식 $f(x)$를 $x-1$로 나눈 몫은 $Q(x)$, 나머지는 3이다. $Q(x)$를 $x-3$으로 나눈 나머지가 7일 때, 다항식 $(2x-3)f(x)$를 $x-3$으로 나눈 나머지는? [4점]

① 47 ② 49 ③ 51
④ 53 ⑤ 55

14

$x-y=3$, $x-z=1$일 때, $x^2+y^2+z^2-xy-yz-zx$의 값은? [4점]

① 7 ② 8 ③ 9
④ 10 ⑤ 11

15

x에 대한 이차방정식 $2x^2+3x+1=0$의 두 근 α, β에 대하여 $\alpha+\frac{1}{\beta}$, $\beta+\frac{1}{\alpha}$을 두 근으로 하는 이차방정식이 $x^2+ax+b=0$일 때, 두 상수 a, b의 합 $a+b$의 값은? [4점]

① 9 ② 11 ③ 13
④ 15 ⑤ 17

16

▶ 유튜브 강의

이차방정식 $x^2+(a-4)x-4=0$의 두 근의 차가 4일 때, 이차방정식 $x^2+(a+2)x+4=0$의 두 근의 차는 d이다. d^2의 값은? (단, a는 상수이다.) [4점]

① 16 ② 18 ③ 20
④ 22 ⑤ 24

17

유튜브 강의

$-2\le x\le 0$일 때, 함수 $y=(x^2+2x-1)^2+4(x^2+2x)-3$의 최댓값을 M, 최솟값을 m이라 하자. $M+m$의 값은? [4점]

① -1 ② -2 ③ -3
④ -4 ⑤ -5

18

유튜브 강의

직선 $y=-\frac{1}{4}x+1$이 y축과 만나는 점을 A, x축과 만나는 점을 B라 하자. 점 P(a, b)가 점 A에서 직선 $y=-\frac{1}{4}x+1$을 따라 점 B까지 움직일 때, a^2+8b의 최댓값과 최솟값의 합은? [4점]

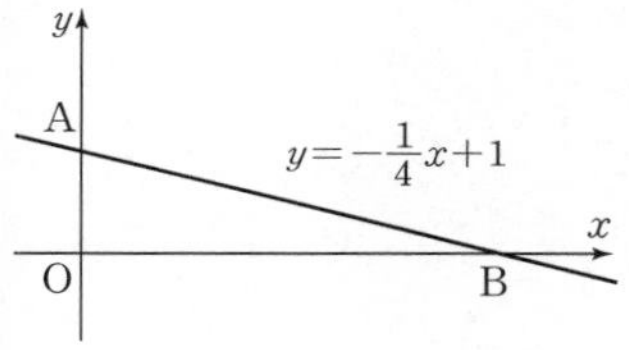

① 21 ② 23 ③ 25
④ 27 ⑤ 29

※ 다음은 서술형 문제입니다. 서술형 답안지에 풀이 과정과 답을 정확하게 서술하시오.

서술형 주관식

19

x^3+x^2-5를 x^2-x+1로 나눌 때의 몫과 나머지를 각각 $Q(x)$, $R(x)$라 하자. 이때, $Q(5)+R(10)$의 값을 구하시오. [6점]

20

이차방정식 $x^2+4x+8=0$의 두 근을 α, β라 할 때, $\alpha^3+\beta^3$의 값을 구하시오. [6점]

21

⊙ 유튜브 강의

최고차항의 계수가 1인 x에 대한 삼차다항식 $P(x)$가 $ab=10$인 두 자연수 a, b에 대하여 $P(a)=P(b)=P(6)=0$, $P(1)=-20$을 만족시킬 때, 다항식 $P(x)$를 $x-4$로 나눈 나머지를 구하시오. [6점]

22

두 이차함수 $f(x)=x^2+ax+b$, $g(x)=-x^2+cx+d$의 그래프가 그림과 같을 때, 방정식 $f(x)+2g(x)=0$의 모든 해의 합을 구하시오. (단, a, b, c, d는 실수) [8점]

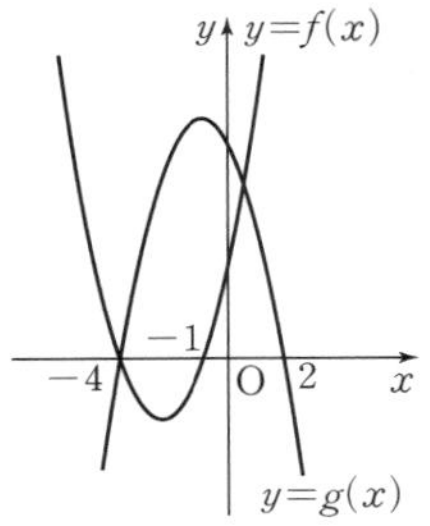

23

⊙ 유튜브 강의

$a\le x\le a+1$에서 이차함수 $y=x^2-2x+a+1$의 최솟값이 2일 때, 정수 a의 값을 구하시오. [8점]

20○○학년도 1학년 1학기 중간고사 (2회)

수 학

범위: 다항식의 연산 ~ 이차함수의 최대, 최소

대상	1학년	고사일시	20 년 월 일	과목코드	02	시간	50분	점수	/100점

- 답안지에 필요한 인적 사항을 정확히 기입할 것.
- 객관식 문제의 답안 표기는 OMR카드에 반드시 컴퓨터용 사인펜을 사용하여 기입할 것.
- 주관식 문제의 답안 표기는 반드시 검은색 펜을 사용할 것.

객관식

01

두 다항식 $A=x^2-2xy+y^2+5$, $B=-2x^2+5xy+3y^2-1$에 대하여 $3(B-A)+2A-4B$를 계산하면? [3.3점]

① $x^2-xy-4y^2-2$
② $x^2-xy-4y^2-4$
③ $x^2-3xy+4y^2-4$
④ $x^2-3xy-4y^2-4$
⑤ $x^2-3xy+4y^2+4$

02

$(x+y+1)(x^2+y^2-xy-x-y-1)$을 전개한 식에서 xy의 계수를 a, 상수항을 b라 할 때, $a+b$의 값은? [3.3점]

① -4 ② -3 ③ -2
④ -1 ⑤ 0

03

다항식 $P(x)=-x^3-4x^2+ax+1$을 $x+2$로 나누었을 때, 나머지가 5가 되도록 하는 상수 a의 값은? [3.3점]

① -6 ② -3 ③ -1
④ 0 ⑤ 1

04

이차방정식 $x^2+4x+m=0$의 한 근이 -5일 때, 다른 한 근은? [3.3점]

① -5 ② -3 ③ -1
④ 1 ⑤ 3

05

$(x-y)^2-3x+3y-10$을 인수분해하면? [3.3점]

① $(x-y+2)(x-y-5)$
② $(x-y-2)(x-y-5)$
③ $(x-y-2)(x+y+5)$
④ $(x+y+2)(x+y+5)$
⑤ $(x+y+2)(x+y-5)$

06

$\sqrt{-8}\sqrt{-2}+\dfrac{\sqrt{12}}{\sqrt{-3}}$을 간단히 하면? [3.3점]

① $-4-4i$　② $-4-2i$　③ $-4+2i$
④ $4-2i$　⑤ $4+2i$

07

오른쪽의 조립제법은 다항식 x^3-ax^2-x+b를 $x-1$로 나누었을 때를 나타낸 것이다. 다음 중 옳지 않은 것은? (단, a, b는 상수이다.) [3.7점]

$$\begin{array}{c|cccc} k & 1 & -a & -1 & b \\ & & c & d & 2 \\ \hline & 1 & 3 & 2 & \boxed{3} \end{array}$$

① $k=1$　② $a=-2$　③ $b=2$
④ $c=1$　⑤ $d=3$

08

$x+y+z=8$, $xy+yz+zx=1$일 때, $x^2+y^2+z^2$의 값은? [3.7점]

① 60　② 62　③ 64
④ 66　⑤ 68

09

등식 $ax(x-1)+b(x-1)(x-2)+cx(x-2)=x^2-2x$가 x의 값에 관계없이 항상 성립할 때, 세 상수 a, b, c에 대하여 $a+b+c$의 값은? [3.7점]

① 1 ② 2 ③ 3
④ 4 ⑤ 5

10

다음 중 다항식 a^6-b^6의 인수가 아닌 것은? [3.7점]

① $a-b$ ② a^2-b^2 ③ a^2-ab+b^2
④ a^2+ab-b^2 ⑤ a^3+b^3

11

이차함수 $y=x^2+2mx+1$의 그래프와 직선 $y=2x-m^2$이 만나지 않도록 하는 실수 m의 값의 범위는? [3.7점]

① $m\leq-4$ ② $m\leq-3$ ③ $m>-2$
④ $m>-1$ ⑤ $m>0$

12

$-2\leq x\leq 3$에서 이차함수 $f(x)=x^2-2x-2$의 최댓값을 M, 최솟값을 m이라 할 때, $M-m$의 값은? [3.7점]

① 3 ② 5 ③ 9
④ 12 ⑤ 15

13

삼각형의 세 변의 길이 a, b, c에 대하여

$$(b+c)a^2-(a+c)b^2-(b-a)c^2=0$$

이 성립할 때, 이 삼각형은 어떤 삼각형인가? [4점]

① 정삼각형
② $a=b$인 이등변삼각형
③ $b=c$인 이등변삼각형
④ 빗변의 길이가 a인 직각삼각형
⑤ 빗변의 길이가 b인 직각삼각형

14

▶ 유튜브 강의

복소수 z에 대하여 다음 〈보기〉 중 옳은 것을 모두 고른 것은? [4점]

보기

ㄱ. $z\bar{z}$는 실수이다.
ㄴ. z^2이 실수이면 $(z+1)^2$도 실수이다.
ㄷ. 자연수 n에 대하여 $(z-\bar{z})^{2n}$은 실수이다.

① ㄱ ② ㄱ, ㄴ ③ ㄱ, ㄷ
④ ㄴ, ㄷ ⑤ ㄱ, ㄴ, ㄷ

15

x에 대한 이차방정식

$$ax^2+(2a-1)x+(a-2)=0$$

이 실근을 갖지 않을 때, 다음 중 실수 a의 값이 될 수 없는 것은? [4점]

① -2 ② -1 ③ $-\frac{1}{2}$
④ $-\frac{1}{3}$ ⑤ $-\frac{1}{4}$

16

▶ 유튜브 강의

포물선 $y=x^2-2ax+3a$가 x축과 두 점 A, B에서 만날 때, $\overline{AB}=2\sqrt{10}$이 되도록 하는 양수 a의 값은? [4점]

① 1 ② 2 ③ 3
④ 4 ⑤ 5

17

이차방정식 $x^2-x+1=0$의 두 근이 α, β이고 이차방정식 $x^2+ax+b=0$의 두 근이 α^2, β^2일 때, $a+b$의 값은?

(단, a, b는 상수이다.) [4점]

① 1 ② 2 ③ 3
④ 4 ⑤ 5

18

유튜브 강의

x^2의 계수가 1인 이차다항식 $f(x)$가 다음 조건을 만족시킨다.

> (가) $f(x)$는 $x+2$로 나누어떨어진다.
> (나) $f(x^2)$을 $f(x)$로 나누었을 때의 나머지는 $4x+20$이다.

이때, $f(3)$의 값은? [4점]

① 1 ② 3 ③ 5
④ 7 ⑤ 9

※ 다음은 서술형 문제입니다. 서술형 답안지에 풀이 과정과 답을 정확하게 서술하시오.

서술형 주관식

19

$1+\frac{1}{i}+\frac{1}{i^2}+\cdots+\frac{1}{i^{29}}+\frac{1}{i^{30}}$의 값을 구하시오. [6점]

20

x에 대한 이차방정식 $x^2-(a+2)x+2a=0$의 두 근의 비가 $1:3$이 되게 하는 상수 a의 값을 모두 구하시오. [6점]

21

이차함수 $y=x^2-(m-1)x+ma-a^2$의 그래프가 상수 m의 값에 관계없이 항상 x축과 만날 때, 실수 a의 값의 범위를 구하시오. [6점]

22

유튜브 강의

두 함수 $f(x)=x^2+ax+b$, $g(x)=-x^2+cx+d$에 대하여 $y=f(x)$, $y=g(x)$의 그래프가 그림과 같다. 함수 $h(x)=f(x)-g(x)$라 할 때, $1\le x\le 4$에서 $y=h(x)$의 최댓값과 최솟값의 합을 구하시오. (단, a, b, c, d는 상수이다.) [8점]

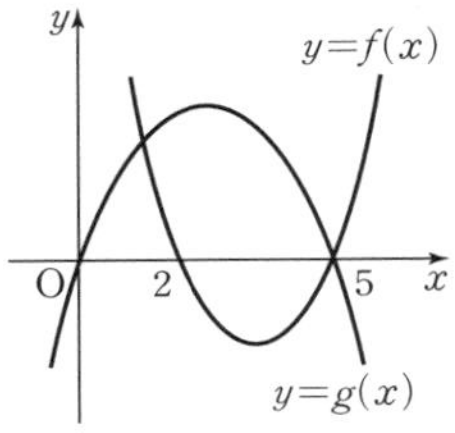

23

유튜브 강의

그림과 같이 $-2<k<2$인 실수 k에 대하여 이차함수 $y=-x^2+1$의 그래프와 직선 $y=2x+k$가 만나는 두 점을 각각 A, B라 할 때, A, B에서 x축에 내린 수선의 발을 각각 A_1, B_1이라 하고, 직선 $y=2x+k$와 x축이 만나는 점을 C라 하자. 색칠한 두 삼각형의 넓이의 합이 3일 때, 상수 k의 값을 구하시오. [8점]

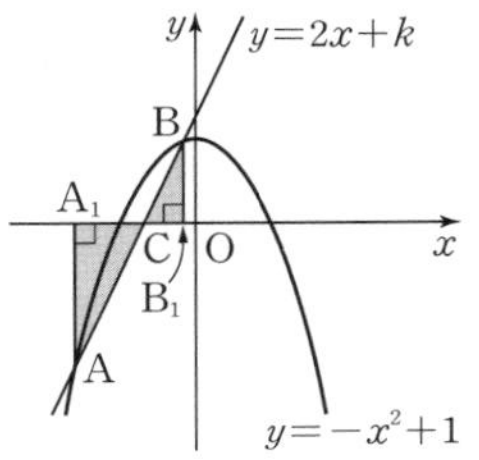

20○○학년도 1학년 1학기 중간고사 (3회)

수 학

범위: 다항식의 연산 ~ 이차함수의 최대, 최소

대상	1학년	고사일시	20 년 월 일	과목코드	03	시간	50분	점수	/100점

- 답안지에 필요한 인적 사항을 정확히 기입할 것.
- 객관식 문제의 답안 표기는 OMR카드에 반드시 컴퓨터용 사인펜을 사용하여 기입할 것.
- 주관식 문제의 답안 표기는 반드시 검은색 펜을 사용할 것.

객관식

01

세 다항식 $A=2x^2-3x+1$, $B=x^2+4x-2$, $C=x^2-4$에 대하여 $4A+2\{2B-C-2(A-C)\}$를 간단히 하면? [3.3점]

① $8x-16$ ② $4x^2-16$ ③ $3x^2+16x-4$
④ $6x^2+16x-16$ ⑤ $12x^2+8x-4$

02

$(x-1)^3(x+1)^3$의 전개식에서 x^4의 계수를 a, 상수항을 b라 할 때, $a+b$의 값은? [3.3점]

① -3 ② -4 ③ -5
④ -6 ⑤ -7

03

$x+y=4$, $xy=-5$일 때, $\frac{x^2}{y}+\frac{y^2}{x}$의 값은? [3.3점]

① -24 ② $-\frac{121}{5}$ ③ $-\frac{122}{5}$
④ $-\frac{123}{5}$ ⑤ $-\frac{124}{5}$

04

다항식 x^3-8x-7이 $(x+a)(x^2+bx+c)$로 인수분해될 때, 세 상수 a, b, c의 합 $a+b+c$의 값은? [3.3점]

① -7 ② -5 ③ -3
④ 3 ⑤ 5

05

$\dfrac{1005^3-125}{1005\times1010+25}$를 계산하면? [3.3점]

① 996 ② 997 ③ 998
④ 999 ⑤ 1000

06

등식 $z\overline{z}=i(z-\overline{z})-1$을 만족시키는 복소수 z에 대하여 z^2의 값은? [3.3점]

① $-2i$ ② -1 ③ $2i$
④ $1+4i$ ⑤ $1-4i$

07

다음 중 다항식 $x^2+y^2+z^2+2xy-2yz-2zx$의 인수인 것은? [3.7점]

① $x+y+z$ ② $x-y+z$ ③ $x+y-z$
④ $x-y-z$ ⑤ $-x+y-z$

08

그림과 같은 직육면체 모양의 상자가 있다. 이 상자의 겉넓이가 62이고, 모서리의 길이의 합이 40일 때, 이 상자의 대각선 AG의 길이는? [3.7점]

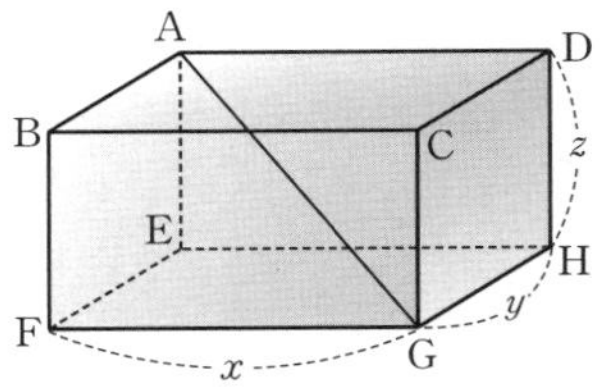

① $\sqrt{34}$ ② $\sqrt{35}$ ③ 6
④ $\sqrt{37}$ ⑤ $\sqrt{38}$

09

복소수 $z=x^2-4+(x^2-2x)i$에 대하여 z^2이 음의 실수가 될 때, 실수 x의 값은? [3.7점]

① -2 ② -1 ③ 0
④ 1 ⑤ 2

10

이차함수 $y=x^2-4x+a$의 그래프는 x축과 만나고, 이차함수 $y=x^2+2(a-1)x+a^2$의 그래프는 x축과 만나지 않을 때, 상수 a의 값의 범위는? [3.7점]

① $a\le\frac{1}{2}$
② $\frac{1}{2}<a\le4$
③ $1<a\le6$
④ $a\ge6$
⑤ $a\ge8$

11

이차함수 $y=x^2+k$의 그래프가 직선 $2x+y=1$과 서로 다른 두 점에서 만나도록 하는 정수 k의 최댓값은? [3.7점]

① -2 ② -1 ③ 0
④ 1 ⑤ 2

12

이차함수 $y=x^2+ax+3$의 그래프와 직선 $y=2x+b$가 만나는 두 교점의 x좌표가 1, 3일 때, $2b-a$의 값은?

(단, a, b는 상수이다.) [3.7점]

① 2 ② 3 ③ 4
④ 5 ⑤ 6

13

지면으로부터 12 m의 높이에서 비스듬히 위쪽으로 공을 던질 때, t초 후의 공의 높이 y m는 지면으로부터 $y=-2t^2+12t+12$라고 한다. 이 공은 $t=a$일 때 최고 높이 b에 도달한다. $a+b$의 값은? [4점]

① 25　② 27　③ 29　④ 31　⑤ 33

14

다항식 $f(x)$를 $(2x+1)(x+2)$로 나누었을 때의 나머지가 $3x$일 때, 다항식 $f(3x+1)$을 $x+1$로 나누었을 때의 나머지는? [4점]

① -9　② -8　③ -7　④ -6　⑤ -5

15

▶유튜브 강의

x, y에 대한 이차식 $x^2-2xy-3y^2-4x+2ay$가 두 일차식의 곱으로 인수분해되도록 하는 모든 상수 a의 값의 합은? [4점]

① 1　② 2　③ 3　④ 4　⑤ 5

16

이차방정식 $f(x)=0$의 두 근 α, β에 대하여 $\alpha+\beta=1$, $\alpha\beta=-12$일 때, 이차방정식 $f(2x-3)=0$의 두 근의 곱은? [4점]

① 0　② 1　③ 2　④ 3　⑤ 4

17

유튜브 강의

어떤 이차방정식의 두 근을 α, β라 할 때, $\frac{1}{\alpha+1}$, $\frac{1}{\beta+1}$을 두 근으로 하는 방정식을 만들었더니 $10x^2-x+1=0$이 되었다. 처음에 주어진 방정식이 x^2+ax+b일 때, $a+b$의 값은?

(단, a, b는 상수이다.) [4점]

① 7 ② 9 ③ 11
④ 13 ⑤ 15

18

유튜브 강의

자연수 n에 대하여 $f(n)=\left(\frac{1+i}{\sqrt{2}}\right)^n$, $g(n)=\left(\frac{1-i}{\sqrt{2}}\right)^n$으로 정의될 때, $f(1)g(2)f(3)g(4)f(5)g(6)\cdots f(59)g(60)$의 값은?

[4점]

① $-2i$ ② $-i$ ③ i
④ $2i$ ⑤ $4i$

※ 다음은 서술형 문제입니다. 서술형 답안지에 풀이 과정과 답을 정확하게 서술하시오.

서술형 주관식

19

이차방정식 $x^2+x-6=0$의 두 근을 α, β라 할 때, $\frac{1}{\alpha}+\frac{1}{\beta}$의 값을 구하시오. [6점]

20

다항식 $f(x)$를 $x+1$, $x-2$로 나누었을 때의 나머지가 각각 -5, 4이다. 다항식 $f(x)$를 x^2-x-2로 나누었을 때의 나머지를 구하시오. [6점]

21

이차함수 $f(x)=x^2-2ax+a-1$의 최솟값을 $g(a)$라 할 때, $g(a)$의 최댓값을 구하시오. (단, a는 실수이다.) [6점]

22

유튜브 강의

임의의 실수 x에 대하여

$$(x^2+2x-1)^{10}=a_{20}x^{20}+a_{19}x^{19}+a_{18}x^{18}+\cdots+a_1x+a_0$$

이 항상 성립할 때, $a_{20}+a_{18}+a_{16}+\cdots+a_2$의 값을 구하시오.

(단, a_0, a_1, $\cdots$, a_{20}은 상수) [8점]

23

유튜브 강의

다음 조건을 만족시키는 모든 이차다항식 $P(x)$의 합을 $Q(x)$라 하자.

> (가) $P(1)P(2)=0$
> (나) 사차다항식 $P(x)\{P(x)-3\}$은 $x(x-3)$으로 나누어떨어진다.

$Q(x)$를 $x-3$으로 나눈 나머지를 구하시오. [8점]

20○○학년도 1학년 1학기 중간고사 (4회)

수 학

범위: 다항식의 연산 ~ 이차함수의 최대, 최소

대상	1학년	고사일시	20 년 월 일	과목코드	04	시간	50분	점수	/100점

- 답안지에 필요한 인적 사항을 정확히 기입할 것.
- 객관식 문제의 답안 표기는 OMR카드에 반드시 컴퓨터용 사인펜을 사용하여 기입할 것.
- 주관식 문제의 답안 표기는 반드시 검은색 펜을 사용할 것.

객관식

01

두 다항식 $A=x^3+2x-1$, $B=x^2-x+2$에 대하여 $X-2B=A$를 만족하는 다항식 X는? [3.3점]

① x^3+x^2+x+1 ② x^3+2x^2+3
③ $2x^3+x^2+3x$ ④ $2x^3-x^2+x+1$
⑤ $2x^3-x^2+3x$

02

$a+b=3$, $ab=-1$일 때, a^3+b^3의 값은? [3.3점]

① 30 ② 32 ③ 34
④ 36 ⑤ 38

03

등식 $a(x-2y+2)+b(2x+y-3)=x-7y+c$가 x, y의 값에 관계없이 항상 성립할 때, 세 상수 a, b, c에 대하여 $a+b+c$의 값은? [3.3점]

① 11 ② 12 ③ 13
④ 14 ⑤ 15

04

다항식 $f(x)=x^3-3x^2+4x+a$가 인수 $x-1$을 가질 때, 다음 중 $f(x)$의 인수인 것은? (단, a는 상수이다.) [3.3점]

① x^2+2x-3 ② x^2-2x+2 ③ x^2+x+2
④ x^2+x-3 ⑤ x^2+x-5

05

복소수 $z=\frac{1-i}{1+i}$에 대하여 $z+z^2+z^3+\cdots+z^{30}$의 값은? [3.3점]

① 0 ② $1+i$ ③ $-1-i$
④ $2+i$ ⑤ $1-2i$

06

$a<0$, $b<0$일 때, 다음 중 옳은 것은? [3.3점]

① $\sqrt{a}\sqrt{b}=-\sqrt{ab}$
② $\frac{\sqrt{b}}{\sqrt{a}}=-\sqrt{\frac{b}{a}}$
③ $\sqrt{-a}\sqrt{-b}=-\sqrt{ab}$
④ $\sqrt{a^2b}=a\sqrt{b}$
⑤ $\sqrt{ab^2}=b\sqrt{a}$

07

세 실수 a, b, c에 대하여 $a+b+c=2$, $ab+bc+ca=-4$, $a^3+b^3+c^3=26$일 때, abc의 값은? [3.7점]

① -6 ② -5 ③ -4
④ -3 ⑤ -2

08

다항식 $(x^2+x)(x^2+x-4)+3$을 인수분해하면 $(x^2+ax+b)(x^2+x-3)$일 때, $a+b$의 값은?
(단, a, b는 상수이다.) [3.7점]

① -2 ② -1 ③ 0
④ 1 ⑤ 2

09

복소수 $z=7+i$의 켤레복소수를 $\overline{z}$라 할 때,

$$(x-y)+(x+y)i=\overline{z}$$

를 만족시키는 두 실수 x, y에 대하여 xy의 값은? [3.7점]

① -6　② -8　③ -10　④ -12　⑤ -14

10

x에 대한 이차방정식

$$x^2+2(2m+1)x+4m^2-2m+3=0$$

이 중근을 가질 때, 상수 m의 값은? [3.7점]

① $\frac{1}{6}$　② $\frac{1}{3}$　③ $\frac{1}{2}$　④ $\frac{2}{3}$　⑤ $\frac{5}{6}$

11

이차함수 $y=x^2-2x+a$의 그래프와 x축의 두 교점 사이의 거리가 6일 때, 실수 a의 값은? [3.7점]

① -4　② -5　③ -6　④ -7　⑤ -8

12

$-1\leq x\leq 4$에서 이차함수 $y=-x^2+6x-5$의 최댓값을 M, 최솟값을 m이라 할 때, $M+m$의 값은? [3.7점]

① 2　② -2　③ -4　④ -6　⑤ -8

13

두 다항식 $(1-x+x^2)^2$, $(1-x+x^2+x^3)^2$의 x^2의 계수를 각각 a, b라 할 때, $a-b$의 값은? [4점]

① 0　② 1　③ 2　④ 3　⑤ 4

14

▶ 유튜브 강의

이차방정식 $2x^2+(4k+3)x+8=0$의 두 근을 α, β라 할 때, $(\alpha^2+2k\alpha+4)(\beta^2+2k\beta+4)$의 값은? (단, k는 상수) [4점]

① 3　② 6　③ 9　④ 12　⑤ 15

15

두 복소수 z_1, z_2에 대하여 〈보기〉에서 옳은 것만을 있는 대로 고른 것은? (단, $\overline{z_1}$는 z_1의 켤레복소수이다.) [4점]

보기
ㄱ. $z_1=\overline{z_2}$이면 $z_2=\overline{z_1}$이다.
ㄴ. $z_1=\overline{z_2}$이면 z_1+z_2는 실수이다.
ㄷ. $z_1=\overline{z_2}$일 때, $z_1z_2=0$이면 $z_1=0$이다.

① ㄱ　② ㄴ　③ ㄷ　④ ㄱ, ㄷ　⑤ ㄱ, ㄴ, ㄷ

16

직선 $y=x+m$이 이차함수 $y=x^2-x-3$의 그래프와 서로 다른 두 점에서 만나고, 이차함수 $y=x^2+3x+1$의 그래프와는 만나지 않도록 하는 실수 m의 값의 범위가 $a<m<b$일 때, 두 상수 a, b의 합 $a+b$의 값은? [4점]

① -5　② -4　③ -3　④ -2　⑤ -1

17

유튜브 강의

그림과 같이 $y=-x^2+3x-2$의 그래프와 x축과의 교점을 각각 A, B라 하고 y축과의 교점을 C라 하자. 점 C를 지나고 y축에 수직인 직선이 이 그래프와 만나는 점을 D라 할 때, 사다리꼴 ACDB의 넓이는? [4점]

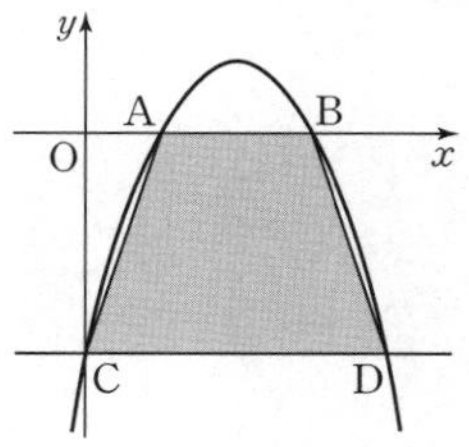

① 1 ② 2 ③ 3
④ 4 ⑤ 5

18

유튜브 강의

자연수 n에 대하여 α_n, β_n이 x에 대한 이차방정식 $\{n+\sqrt{n(n-1)}\}x^2-\sqrt{n}x-\sqrt{n}=0$의 두 실근일 때, 다음 식의 값은? [4점]

$$(\alpha_1+\alpha_2+\cdots+\alpha_{16})+(\beta_1+\beta_2+\cdots+\beta_{16})$$

① 1 ② 2 ③ 3
④ 4 ⑤ 7

※ 다음은 서술형 문제입니다. 서술형 답안지에 풀이 과정과 답을 정확하게 서술하시오.

서술형 주관식

19

다항식 $x^4+ax^3+bx^2-5$를 $x-1$로 나누었을 때의 나머지가 2, $x+1$로 나누었을 때의 나머지가 -6일 때, 상수 a, b의 곱 ab의 값을 구하시오. [6점]

20

이차방정식 $x^2-ax+b=0$의 한 근이 $3+2i$라 할 때, 두 실수 a, b에 대하여 $a+b$의 값을 구하시오. (단, $i=\sqrt{-1}$) [6점]

21

유튜브 강의

함수 $f(x)=a(x^2-4x+7)^2-4a(x^2-4x+6)+b$는 최댓값이 7이고 $f(3)=4$일 때, 두 상수 a, b에 대하여 ab의 값을 구하시오. [6점]

22

다항식 $f(x)$를 x^2+1로 나누면 나머지가 $x+1$이고, $x-1$로 나누면 나머지가 6이다. $f(x)$를 $(x^2+1)(x-1)$로 나눌 때의 나머지를 $R(x)$라 할 때, $R(2)$의 값을 구하시오. [8점]

23

유튜브 강의

이차항의 계수가 1인 이차함수 $f(x)$는 다음 조건을 만족시킨다.

> (가) 이차방정식 $f(x)=0$의 두 근의 곱은 7이다.
> (나) 이차방정식 $x^2-3x+1=0$의 두 근 α, β에 대하여 $f(\alpha)+f(\beta)=3$이다.

$f(10)$의 값을 구하시오. [8점]

20○○학년도 1학년 1학기 중간고사 (5회)

수 학

범위: 다항식의 연산 ~ 이차함수의 최대, 최소

대상	1학년	고사일시	20 년 월 일	과목코드	05	시간	50분	점수	/100점

• 답안지에 필요한 인적 사항을 정확히 기입할 것.
• 객관식 문제의 답안 표기는 OMR카드에 반드시 컴퓨터용 사인펜을 사용하여 기입할 것.
• 주관식 문제의 답안 표기는 반드시 검은색 펜을 사용할 것.

객관식

01

두 다항식 $A=x^2-xy+y^2$, $B=4x^2-6xy+2y^2$에 대하여 $2(X+A)=B$를 만족시키는 다항식 X는? [3.3점]

① x^2+xy+y^2 ② x^2-xy-y^2 ③ x^2-2xy
④ $x^2-2xy-2y^2$ ⑤ x^2-3xy

02

다항식 $f(x)$에 대하여 등식

$$x^4+ax^2+b=(x+2)(x^2-3)f(x)$$

가 항상 성립하도록 하는 두 상수 a, b에 대하여 ab의 값은? [3.3점]

① -88 ② -86 ③ -84
④ -82 ⑤ -80

03

$z=1+i$일 때, $\dfrac{z-1}{z}+\dfrac{\overline{z}-1}{\overline{z}}$의 값은? [3.3점]

① 1 ② $1+i$ ③ i
④ -1 ⑤ $-1+i$

04

0이 아닌 두 실수 a, b에 대하여 $\dfrac{\sqrt{a}}{\sqrt{b}}=-\sqrt{\dfrac{a}{b}}$일 때, $\sqrt{(a-b)^2}-2|a|+\sqrt{b^2}$을 간단히 하면? [3.3점]

① $-a$ ② $3a$ ③ $2a+2b$
④ $a-2b$ ⑤ $-a-2b$

05

x에 대한 이차방정식

$$x^2+(3-2k)x+k^2=0$$

이 허근을 갖도록 하는 실수 k의 값의 범위를 $k>a$라 할 때, 실수 a의 값은? [3.3점]

① $-\frac{3}{4}$　② $-\frac{1}{4}$　③ $\frac{1}{4}$
④ $\frac{3}{4}$　⑤ $\frac{5}{4}$

06

이차함수 $y=x^2-2kx+k+5$의 그래프가 x축과 접할 때, 모든 실수 k의 값의 합은? [3.3점]

① -1　② 1　③ 2
④ 3　⑤ 4

07

가로의 길이, 세로의 길이, 높이가 각각 a, b, c인 직육면체의 모든 모서리의 길이의 합이 20, 겉넓이가 16일 때, $a^2+b^2+c^2$의 값은? [3.7점]

① 6　② 9　③ 12
④ 15　⑤ 18

08

다항식 $(x+1)(x+2)(x+3)(x+4)-24$는 두 개의 일차식과 이차식 x^2+ax+b의 곱으로 인수분해된다. 이때, 두 상수 a, b에 대하여 $a+b$의 값은? [3.7점]

① 11　② 12　③ 13
④ 14　⑤ 15

09

다음 중 다항식 $a^3-a^2b+ab^2+ac^2-b^3-bc^2$의 인수인 것은? [3.7점]

① $a+b$ ② $a+c$ ③ $a+b-c$
④ $a-b-c$ ⑤ $a^2+b^2+c^2$

10

이차함수 $y=ax^2+bx+c$의 그래프는 점 $(1,\ 4)$를 지나고, $x=3$일 때 최솟값 -4를 갖는다. 이때, c의 값은? (단, a, b, c는 상수) [3.7점]

① 14 ② 16 ③ 18
④ 20 ⑤ 22

11

갑, 을 두 학생이 이차방정식 $ax^2+bx+c=0$을 푸는데, 갑은 b를 잘못 보고 풀어 두 근 -3, 4를 얻었고, 을은 c를 잘못 보고 풀어 두 근 $2+\sqrt{5}$, $2-\sqrt{5}$를 얻었다. 이 이차방정식의 올바른 두 근 중 양수인 근은? (단, a, b, c는 상수) [3.7점]

① 3 ② 4 ③ 5
④ 6 ⑤ 7

12

그림과 같이 이차함수 $y=x^2-1$의 그래프와 직선 $y=ax+b$의 두 교점을 각각 P, Q라 하자. 점 P의 x좌표가 $1+\sqrt{3}$일 때, 두 유리수 a, b의 곱 ab의 값은? [3.7점]

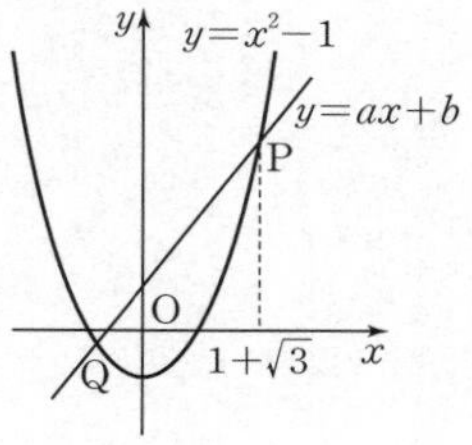

① 1 ② 2
③ 3 ④ 4
⑤ 5

13

x^3+ax^2+3x-b가 $(x-1)^2$으로 나누어떨어질 때, 상수 a, b의 곱 ab의 값은? [4점]

① -2　② -3　③ -6
④ -8　⑤ -15

14

x에 대한 다항식 $f(x)-1$이 $(x-2)(x-3)$으로 나누어떨어질 때, 다항식 $f(x+3)$을 $x(x+1)$로 나눈 나머지는? [4점]

① 1　② $x-1$　③ x
④ $x+1$　⑤ $x+2$

15

유튜브 강의

그림과 같이 길이가 16 m인 철망으로 벽을 한 변으로 하는 직사각형 모양의 울타리를 만들려고 한다. 이때, 울타리 안의 넓이의 최댓값은? (단, 철망의 두께는 무시한다.) [4점]

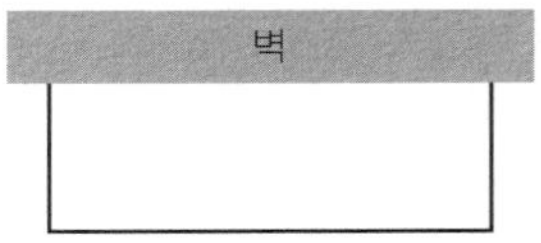

① $20\,m^2$　② $24\,m^2$　③ $28\,m^2$
④ $32\,m^2$　⑤ $36\,m^2$

16

유튜브 강의

이차함수 $f(x)=x^2+ax-2a-13$의 그래프는 a의 값에 관계없이 항상 일정한 점 P를 지난다. 점 P가 이차함수 $y=f(x)$의 그래프의 꼭짓점일 때, 함수 $y=f(x)$의 그래프가 x축과 만나는 두 점 사이의 거리는? [4점]

① 2　② 4　③ 6
④ 8　⑤ 10

17

▶ 유튜브 강의

복소수 $z=a+bi$ (a, b는 0이 아닌 실수)에 대하여

$iz=\overline{z}$

일 때, 〈보기〉에서 옳은 것만을 있는 대로 고른 것은?

(단, $i=\sqrt{-1}$이고, $\overline{z}$는 z의 켤레복소수이다.) [4점]

보기

ㄱ. $z-\overline{z}=-2ai$

ㄴ. $i\overline{z}=-z$

ㄷ. $\dfrac{\overline{z}}{z}+\dfrac{z}{\overline{z}}=0$

① ㄱ ② ㄷ ③ ㄱ, ㄴ
④ ㄴ, ㄷ ⑤ ㄱ, ㄴ, ㄷ

18

이차방정식 $x^2-ax+b=0$의 두 근을 α, β라 하고 이차방정식 $x^2+bx+a=0$의 두 근이 $\alpha-1$, $\beta-1$이라 할 때, $\alpha^2+\alpha\beta+\beta^2$의 값은? (단, a, b는 상수) [4점]

① 0 ② 1 ③ 2
④ 3 ⑤ 4

※ 다음은 서술형 문제입니다. 서술형 답안지에 풀이 과정과 답을 정확하게 서술하시오.

서술형 주관식

19

$x+y=4$이고 $x^3+y^3=28$일 때, x^2+y^2의 값을 구하시오. [6점]

20

이차방정식 $x^2+ax+b=0$의 한 근이 $\dfrac{2i}{1-i}$일 때, 두 실수 a, b에 대하여 a^2+b^2의 값을 구하시오. (단, $i=\sqrt{-1}$) [6점]

21 ▶유튜브 강의

다항식 $f(x)=x^2+ax+b$에 대하여 다항식 $(x+1)f(x)$를 $x-2$로 나눈 나머지가 6이고, 다항식 $(x-2)f(x)$를 $x+1$로 나눈 나머지가 3일 때, 상수 a, b에 대하여 $a+b$의 값을 구하시오. [6점]

22

$\sqrt{14\times15\times16\times17+1}$ 의 값을 인수분해 공식을 이용하여 구하시오. [8점]

23 ▶유튜브 강의

이차함수 $f(x)$가 모든 실수 x에 대하여 $f(x+1)-f(x)=4x-1$, $f(0)=3$을 만족한다. $-3\le x\le1$에서 이차함수 $y=f(x)$의 최댓값과 최솟값을 구하시오. [8점]

20○○학년도 1학년 1학기 중간고사 (6회)

수 학

범위: 다항식의 연산 ~ 이차함수의 최대, 최소

대상	1학년	고사일시	20 년 월 일	과목코드	06	시간	50분	점수	/100점

- 답안지에 필요한 인적 사항을 정확히 기입할 것.
- 객관식 문제의 답안 표기는 OMR카드에 반드시 컴퓨터용 사인펜을 사용하여 기입할 것.
- 주관식 문제의 답안 표기는 반드시 검은색 펜을 사용할 것.

객관식

01

두 다항식 $A=2x^2-4xy-2y^2$, $B=3x^2+xy+2y^2$에 대하여 $A-2(X-B)=4B$를 만족시키는 다항식 X는? [3.3점]

① $x^2+5xy+4y^2$　② $-x^2-3xy-y^2$
③ $2x^2+xy-3y^2$　④ $-2x^2-3xy-3y^2$
⑤ $3x^2-3xy$

02

두 실수 x, y에 대하여 등식

$$(1+i)x+(1-i)y=3+7i$$

가 성립할 때, x^2-y^2의 값은? [3.3점]

① 21　② 22　③ 23
④ 24　⑤ 25

03

세 상수 a, b, c에 대하여 다항식 x^3-64가 $(x+a)(x^2+bx+c)$로 인수분해될 때, $a+b+c$의 값은? [3.3점]

① 12　② 14　③ 16
④ 18　⑤ 20

04

$3x^2+4xy+y^2-x+y-2$를 인수분해하면? [3.3점]

① $(x-y-1)(3x-y+2)$
② $(x-y+1)(3x+y+2)$
③ $(x+y-1)(3x+y+2)$
④ $(x+y-1)(3x+y-2)$
⑤ $(x+y+1)(3x+y-2)$

05

이차방정식 $x^2+5x-7=0$의 두 근을 α, β라 할 때, $\alpha^2+\alpha\beta+\beta^2$의 값은? [3.3점]

① 30 ② 32 ③ 34
④ 36 ⑤ 38

06

다항식 $2x^3+ax^2+bx+2$를 $2x+1$로 나눌 때의 몫과 나머지를 조립제법을 이용하여 구하는 과정이다. 이때, 네 상수 a, b, c, d에 대하여 $a+b+c+d$의 값은? [3.3점]

$$\begin{array}{c|cccc} k & 2 & a & b & 2 \\ & & c & 2 & -3 \\ \hline & 2 & -4 & 6 & \boxed{d} \end{array}$$

① 3 ② 2 ③ 1
④ 0 ⑤ -1

07

$a+b+c=5$, $ab+bc+ca=7$일 때, $(a+b)^2+(b+c)^2+(c+a)^2$의 값은? [3.7점]

① 24 ② 27 ③ 30
④ 33 ⑤ 36

08

x에 대한 다항식 $f(x)$를 $x-1$로 나눈 몫과 나머지는 각각 $Q(x)$, 6이고 $Q(x)$를 $x-2$로 나눈 몫과 나머지는 각각 $x+1$, 3이다. $f(x)$를 x^2-1로 나눈 몫과 나머지를 합한 다항식을 $R(x)$라 할 때, $R(2)$의 값은? [3.7점]

① 3 ② 5 ③ 7
④ 9 ⑤ 11

09

삼각형의 세 변의 길이가 각각 a, b, c이고,

$$a^3+c^3+a^2c+ac^2-ab^2-b^2c=0$$

을 만족할 때, 이 삼각형은 어떤 삼각형인가? [3.7점]

① 정삼각형 ② $a=b$인 이등변삼각형
③ $b=c$인 이등변삼각형 ④ b가 빗변인 직각삼각형
⑤ c가 빗변인 직각삼각형

10

복소수 z와 그 켤레복소수 $\overline{z}$가

$$(1-i)z+(2+i)\overline{z}=3(z+\overline{z})-6i$$

를 만족시킬 때, $\overline{z+\overline{z}}$의 값은? [3.7점]

① 4 ② 8 ③ 12
④ -4 ⑤ -8

11

이차방정식 $x^2-x-1=0$의 두 근을 α, β라 할 때, $\dfrac{1-\alpha}{3\beta}$, $\dfrac{1-\beta}{2\alpha}$를 두 근으로 하는 이차방정식이 $ax^2+bx+1=0$일 때, 두 상수 a, b의 합 $a+b$의 값은? [3.7점]

① 1 ② 2 ③ 3
④ 4 ⑤ 5

12

이차함수 $y=-x^2+4x-1$의 그래프와 직선 $y=-x+1$의 두 교점 사이의 거리는? [3.7점]

① $\sqrt{34}$ ② $\sqrt{35}$ ③ 6
④ $\sqrt{37}$ ⑤ $\sqrt{38}$

13

▶ 유튜브 강의

모든 실수 x에 대하여 등식

$$x^{20}-1=a_0+a_1(x-1)+a_2(x-1)^2+\cdots+a_{20}(x-1)^{20}$$

이 성립할 때, $a_1+a_3+a_5+\cdots+a_{19}$의 값은?

(단, a_0, a_1, $\cdots$, a_{20}은 상수이다.) [4점]

① $2^{19}-2$ ② 2^{19} ③ 2^{20}
④ 2^{21} ⑤ $2^{21}+2$

14

x에 대한 두 이차방정식

$$x^2+2x+a=0,\ x^2-2(a+1)x+7+a^2=0$$

중 적어도 하나는 실근을 가질 때, 실수 a의 값의 범위는? [4점]

① $a\le-1$ 또는 $a\ge3$ ② $a\le1$ 또는 $a\ge3$
③ $0<a<1$ ④ $1\le a\le3$
⑤ $-1<a<3$

15

▶ 유튜브 강의

이차함수 $y=f(x)$의 그래프는 그림과 같이 직선 $x=3$에 대하여 대칭이고, x축과 서로 다른 두 점에서 만난다. 이때, 이차방정식 $f(2x-3)=0$의 두 근의 합은? [4점]

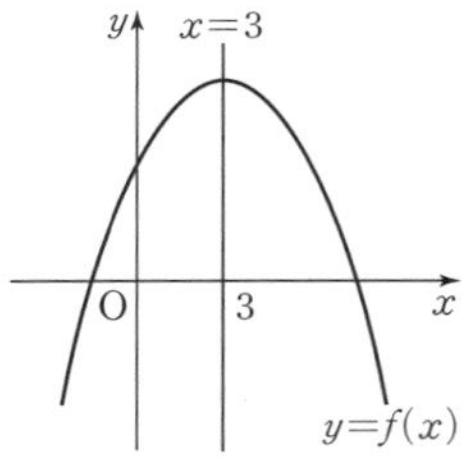

① 8 ② 7
③ 6 ④ 5
⑤ 4

16

자연수 n에 대하여 복소수 $z_n=\left(\frac{\sqrt{2}i}{1+i}\right)^n$이라 할 때, 옳은 것만을 〈보기〉에서 있는 대로 고른 것은? (단, $i=\sqrt{-1}$) [4점]

보기

ㄱ. $z_2=i$
ㄴ. $z_{10}=z_2$
ㄷ. $z_{n+8}=z_n$

① ㄱ ② ㄷ ③ ㄱ, ㄴ
④ ㄴ, ㄷ ⑤ ㄱ, ㄴ, ㄷ

17

다항식 $f(x)$를 x^2+x+1로 나누었을 때의 몫이 $Q(x)$, 나머지가 $x-8$이고, $Q(x)$를 $x-1$로 나누었을 때의 나머지가 1이다. $f(x)$를 x^3-1로 나누었을 때의 나머지를 $R(x)$라고 할 때, $R(0)$의 값은? [4점]

① -1 ② -5 ③ -7
④ -11 ⑤ -15

18

유튜브 강의

이차방정식 $x^2+x+1=0$의 두 근 α, β에 대하여 이차함수 $f(x)=x^2+ax+b$가 다음 두 조건을 만족시킬 때, $f(2)$의 값은?
(단, a, b는 상수이다.) [4점]

(가) $f(\alpha^2)=-4\alpha$
(나) $f(\beta^2)=-4\beta$

① 16 ② 17 ③ 18
④ 19 ⑤ 20

※ 다음은 서술형 문제입니다. 서술형 답안지에 풀이 과정과 답을 정확하게 서술하시오.

서술형 주관식

19

이차함수 $y=x^2+2(k-3)x+k^2-3$의 그래프가 x축과 접할 때, 상수 k의 값을 구하시오. [6점]

20

다항식 $f(x)=x^3-x^2+ax+b$를 $x+1$과 $x-1$로 나누었을 때의 나머지가 같고 $x-2$로 나누었을 때의 나머지는 7이다. 다항식 $f(x)$를 $x+2$로 나누었을 때의 나머지를 구하시오.
(단, a, b는 상수이다.) [6점]

21

$0 \le x \le 3$에서 이차함수 $f(x)=3x^2-6x+k$의 최댓값이 5일 때, 함수 $f(x)$의 최솟값을 구하시오. (단, k는 상수이다.) [6점]

22

▶ 유튜브 강의

두 이차함수 $f(x)$, $g(x)$가 다음 세 조건을 모두 만족시킨다.

> (가) $f(x)$는 $x=1$에서 최솟값 4를 갖는다.
> (나) $g(x)$는 $x=-1$에서 최댓값 2를 갖는다.
> (다) $f(x)+g(x)$는 $x=3$에서 최솟값 -2를 갖는다.

이때, $f(10)+g(10)$의 값을 구하시오. [8점]

23

▶ 유튜브 강의

계수가 실수인 x에 대한 이차방정식 $ax^2+bx+c=0$의 두 근을 α, β라 할 때, $\alpha^2+\beta^2=1$, $\frac{1}{\alpha^2}+\frac{1}{\beta^2}=1$이 성립한다고 한다. 이때, $\frac{b^2}{a^2}-\frac{c^2}{b^2}-\frac{a^2}{c^2}$의 값을 구하시오. [8점]

20○○학년도 1학년 1학기 중간고사 (7회)

수 학

범위: 다항식의 연산 ~ 이차함수의 최대, 최소

대상	1학년	고사일시	20 년 월 일	과목코드	07	시간	50분	점수	/100점

- 답안지에 필요한 인적 사항을 정확히 기입할 것.
- 객관식 문제의 답안 표기는 OMR카드에 반드시 컴퓨터용 사인펜을 사용하여 기입할 것.
- 주관식 문제의 답안 표기는 반드시 검은색 펜을 사용할 것.

객관식

01

두 다항식 A, B가

$$A+B=x^2+4x+4,\ A-B=x^2-2x+6$$

을 만족시킬 때, 다항식 B는? [3.3점]

① $x-1$ ② $x-2$ ③ $2x-1$
④ $3x-1$ ⑤ $3x-2$

02

$a-b=3$, $ab=2$일 때, a^3-b^3의 값은? [3.3점]

① 45 ② 46 ③ 47
④ 48 ⑤ 49

03

다음 중 다항식 $x^4-4x^3+5x^2+2x-8$의 인수인 것은? [3.3점]

① x^2-x+3 ② x^2-3x-2 ③ x^2-3x+4
④ x^2-3x-4 ⑤ x^2-4x+3

04

$\alpha=3-4i$, $\beta=1-3i$일 때, $\alpha\bar{\alpha}-\bar{\alpha}\beta-\alpha\bar{\beta}+\beta\bar{\beta}$의 값은?

(단, $\bar{\alpha}$, $\bar{\beta}$는 각각 α, β의 켤레복소수이다.) [3.3점]

① -5 ② -4 ③ 3
④ 4 ⑤ 5

05

$z=\frac{1+\sqrt{3}i}{2}$ 일 때, $z^3+z^5+z^7+\cdots+z^{21}$의 값은? [3.3점]

① 3　② 1　③ 0　④ -1　⑤ -3

06

이차방정식 $x^2+6x-1=0$의 두 근을 α, β라 할 때, $\frac{\beta-1}{\alpha}+\frac{\alpha-1}{\beta}$의 값은? [3.3점]

① -44　② -46　③ -48　④ -50　⑤ -52

07

다항식 ax^3+bx^2+cx+d를 x^2+2x-2로 나누었을 때의 몫은 $2x+1$이고 나머지는 $x-2$이다. $a+b+c+d$의 값은?
(단, a, b, c, d는 상수이다.) [3.7점]

① -2　② -1　③ 0　④ 1　⑤ 2

08

$\frac{4\times10^9+10^6-4\times10^3-1}{10^3-1}$의 값은? [3.7점]

① 4005000　② 4005001　③ 4006000　④ 4006001　⑤ 4007001

09

그림과 같은 직육면체의 겉넓이가 50이고, 삼각형 BGD의 세 변의 길이의 제곱의 합이 62일 때, 직육면체의 모든 모서리의 길이의 합은? [3.7점]

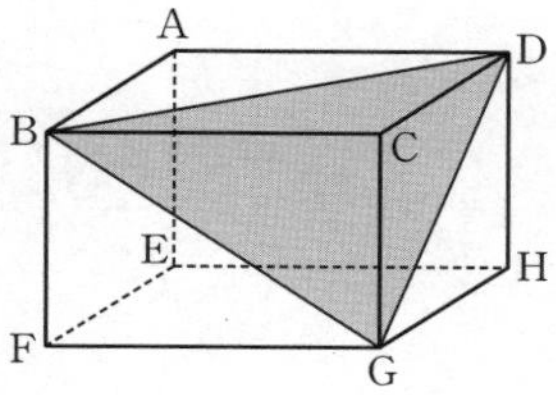

① 34 ② 36 ③ 38
④ 40 ⑤ 42

10

복소수 $z=1+i$에 대하여 $z+z^2+z^3+z^4+z^5+z^6+z^7+z^8$의 값을 $a+bi$로 나타낼 때, $a-b$의 값은?

(단, a, b는 실수이다.) [3.7점]

① -40 ② -30 ③ 0
④ 30 ⑤ 40

11

x에 대한 이차식

$$x^2-2(k-1)x+2k^2-2k-8$$

이 완전제곱식이 되도록 하는 모든 실수 k의 값의 합은? [3.7점]

① -3 ② -1 ③ 0
④ 1 ⑤ 3

12

그림의 직사각형 ABCD에서 두 점 A, B는 x축 위에 있고, 두 점 C, D는 이차함수 $y=-x^2+2$의 그래프 위에 있다. 이때, □ABCD의 둘레의 길이의 최댓값은? [3.7점]

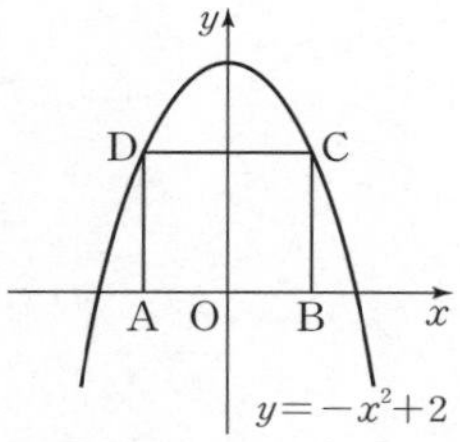

① 4 ② 5 ③ 6
④ 7 ⑤ 8

13

세 실수 a, b, c에 대하여 $a+b+c=1$, $a^2+b^2+c^2=3$, $a^3+b^3+c^3=1$일 때, abc의 값은? [4점]

① -2 ② -1 ③ 0
④ 1 ⑤ 2

14

이차방정식 $x^2-mx+n=0$의 두 근을 α, β라 할 때, 이차방정식 $x^2+nx+m=0$의 두 근은 $\alpha-2$, $\beta-2$이다. 이때, 두 상수 m, n에 대하여 m^2+n^2의 값은? [4점]

① 6 ② 8 ③ 10
④ 12 ⑤ 14

15

이차함수 $y=x^2-2kx+k^2-6k$의 그래프가 실수 k의 값에 관계없이 항상 직선 $y=2ax-a^2$에 접할 때, 상수 a의 값은? [4점]

① -3 ② -2 ③ -1
④ 1 ⑤ 2

16

$3\le x\le k$에서 이차함수 $y=x^2-2x$의 최댓값이 48일 때, k의 값은? [4점]

① 4 ② 6 ③ 8
④ 10 ⑤ 12

17

유튜브 강의

$x \ge 0$, $y \ge 0$이고 $x+y=1$일 때, x^2+2y^2의 최댓값과 최솟값의 차는? [4점]

① $\frac{1}{3}$　② $\frac{2}{3}$　③ 1
④ $\frac{4}{3}$　⑤ $\frac{5}{3}$

18

유튜브 강의

다항식 $f(x)=\frac{1}{4}x-\frac{1}{4}$에 대하여 $\{f(x)\}^{100}$을 $f(x^2)$으로 나눈 나머지를 $R(x)$라 할 때, $R(-2)$의 값은? [4점]

① $-\frac{3}{2^{101}}$　② $-\frac{1}{2^{99}}$　③ 0
④ $\frac{1}{2^{99}}$　⑤ $\frac{3}{2^{101}}$

※ 다음은 서술형 문제입니다. 서술형 답안지에 풀이 과정과 답을 정확하게 서술하시오.

서술형 주관식

19

두 수 $3+3i$, $3-3i$를 근으로 하고 이차항의 계수가 1인 이차방정식을 구하시오. [6점]

20

다항식 $2x^3-x^2+ax+b$가 x^2-x+1로 나누어떨어지도록 하는 상수 a, b에 대하여 a^2+b^2의 값을 구하시오. [6점]

21

유튜브 강의

x에 대한 두 이차함수 $y=x^2-3x+k$, $y=x^2-2kx+k^2+4k$의 그래프 중 하나만 x축과 만나도록 하는 실수 k의 값의 범위를 구하시오. [6점]

22

유튜브 강의

2^{751}을 7로 나누었을 때의 나머지를 구하시오. [8점]

23

유튜브 강의

이차항의 계수가 1인 이차함수 $y=f(x)$의 그래프의 꼭짓점이 직선 $y=kx$ 위에 있다. 이차함수 $y=f(x)$의 그래프가 직선 $y=kx+5$와 만나는 서로 다른 두 점의 x좌표를 α, $\beta(\alpha<\beta)$라 하자. 이차함수 $y=f(x)$의 그래프의 축의 방정식이 직선 $x=\frac{\alpha+\beta}{2}-\frac{1}{4}$일 때, $2(\beta-\alpha)$의 값을 구하시오.

(단, k는 상수) [8점]

20○○학년도 1학년 1학기 중간고사 (8회)

수 학

범위: 다항식의 연산 ~ 이차함수의 최대, 최소

대상	1학년	고사일시	20 년 월 일	과목코드	08	시간	50분	점수	/100점

- 답안지에 필요한 인적 사항을 정확히 기입할 것.
- 객관식 문제의 답안 표기는 OMR카드에 반드시 컴퓨터용 사인펜을 사용하여 기입할 것.
- 주관식 문제의 답안 표기는 반드시 검은색 펜을 사용할 것.

객관식

01

다항식 $(x^2+x-1)(x^2-x+a)$의 전개식에서 x^2의 계수가 6일 때, x의 계수는? (단, a는 상수이다.) [3.3점]

① 6　② 7　③ 8　④ 9　⑤ 10

02

다항식 $2x^3+x^2-4x+5$를 다항식 x^2+x-3으로 나눈 몫을 $Q(x)$, 나머지를 $R(x)$라 할 때, $Q(2)+R(2)$의 값은? [3.3점]

$$\begin{array}{r}
\boxed{Q(x)} \\
x^2+x-3\,\big)\ 2x^3+\ x^2-4x+5 \\
2x^3+2x^2-6x \\
\hline
-\ x^2+2x+5 \\
-\ x^2-\ x+3 \\
\hline
\boxed{R(x)}
\end{array}$$

① 9　② 11　③ 13　④ 15　⑤ 17

03

등식 $\dfrac{a}{2+i}+\dfrac{b}{2-i}=8-6i$를 만족시키는 두 실수 a, b에 대하여 $a+2b$의 값은? [3.3점]

① 7　② 9　③ 11　④ 13　⑤ 15

04

복소수 z의 켤레복소수를 $\overline{z}$라 할 때, 등식 $\overline{z+zi}=2+4i$를 만족시키는 복소수 z에 대하여 $z\overline{z}$의 값은? [3.3점]

① 2　② 4　③ 6　④ 8　⑤ 10

05

이차방정식 $x^2-10x+6=0$의 두 근을 α, β라 할 때, $\alpha^2+\beta^2$의 값은? [3.3점]

① 82 ② 84 ③ 86
④ 88 ⑤ 90

06

이차함수 $y=x^2+ax+a+b$의 그래프가 그림과 같을 때, 두 상수 a, b에 대하여 $a-b$의 값은? [3.3점]

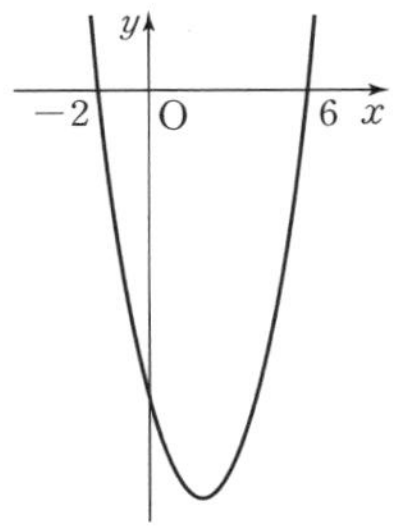

① 2 ② 4
③ 6 ④ 8
⑤ 10

07

$x-y=-10$, $y-z=8$일 때, $x^2+y^2+z^2-xy-yz-zx$의 값은? [3.7점]

① 72 ② 76 ③ 80
④ 84 ⑤ 88

08

x에 대한 다항식 $f(x)=x^3+p$를 $x-1$로 나누었을 때의 나머지는 0이다. 이때, $f(x)$를 $x-1$로 나누었을 때의 몫을 $Q(x)$라 하면 $Q(x)$를 $x+3$으로 나누었을 때의 나머지는?

(단, p는 상수이다.) [3.7점]

① 5 ② 6 ③ 7
④ 8 ⑤ 9

09

자연수 n에 대하여 $\left(\frac{1+i}{1-i}\right)^{4n+3}-\left(\frac{1-i}{1+i}\right)^{4n+1}$의 값은? [3.7점]

① $-2i$ ② $-i$ ③ 0
④ i ⑤ $2i$

10

방정식 $x^2-2|x|-8=0$의 두 근을 α, β라 할 때, $\alpha-\beta$의 값은? (단, $\beta>\alpha$) [3.7점]

① -8 ② -4 ③ 0
④ 4 ⑤ 8

11

이차함수 $y=x^2+2ax+am+m+b$의 그래프가 실수 m의 값에 관계없이 항상 x축에 접할 때, 두 상수 a, b에 대하여 $a-b$의 값은? [3.7점]

① -2 ② -1 ③ 0
④ 1 ⑤ 2

12

이차함수 $y=x^2-4x+5$의 그래프와 직선 $y=x+k$가 두 점 P, Q에서 만난다. 점 P의 x좌표가 4일 때, 선분 PQ의 길이는? [3.7점]

① $3\sqrt{2}$ ② 5 ③ $5\sqrt{2}$
④ 10 ⑤ $9\sqrt{2}$

13

다항식 $x^n(x^2+ax+b)$를 $(x-3)^n$으로 나누었을 때, 나머지가 $3^n(x-3)$이 되도록 하는 두 실수 a, b에 대하여 $a+b$의 값은? (단, n은 $n\geq 2$인 자연수이다.) [4점]

① 0 ② 1 ③ 2 ④ 3 ⑤ 4

14

이차방정식 $f(x)=0$의 두 근의 합이 8일 때, 방정식 $f(2x+1)=0$의 두 근의 합은? [4점]

① -3 ② -1 ③ 0 ④ 1 ⑤ 3

15

함수 $f(x)=x^2-4x-1$에 대하여 $0\leq x\leq a$일 때, $b\leq f(x)\leq 4$를 만족시키는 두 상수 a, b에 대하여 $a+b$의 값은? [4점]

① -2 ② -1 ③ 0 ④ 1 ⑤ 2

16

▶ 유튜브 강의

삼각형 ABC에서 $\overline{AB}=c$, $\overline{BC}=a$, $\overline{CA}=b$라고 하자. 다항식 $x^3-(a+b)x^2-(a^2+b^2)x+a^3+b^3+a^2b+ab^2$이 $x-c$로 나누어떨어질 때, 이 삼각형은 어떤 삼각형인가? [4점]

① $a=c$인 이등변삼각형
② $b=c$인 이등변삼각형
③ 빗변의 길이가 a인 직각삼각형
④ 빗변의 길이가 b인 직각삼각형
⑤ 빗변의 길이가 c인 직각삼각형

17

유튜브 강의

$a+b+c=0$ $(abc\neq 0)$을 만족시키는 세 실수 a, b, c에 대하여 $a\left(\frac{1}{b}+\frac{1}{c}\right)+b\left(\frac{1}{c}+\frac{1}{a}\right)+c\left(\frac{1}{a}+\frac{1}{b}\right)$의 값은? [4점]

① -3　② -1　③ 0
④ 1　⑤ 3

18

유튜브 강의

그림과 같이 밑변의 길이가 10 cm이고 높이가 8 cm인 삼각형 ABC에 내접하고, 한 변이 밑변 BC 위에 있는 직사각형 PQRS의 넓이의 최댓값은? [4점]

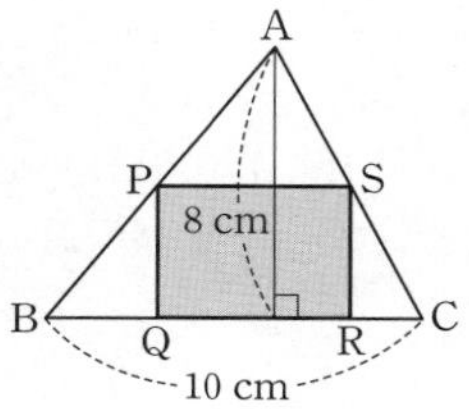

① 12 cm^2　② 16 cm^2　③ 20 cm^2
④ 24 cm^2　⑤ 28 cm^2

※ 다음은 서술형 문제입니다. 서술형 답안지에 풀이 과정과 답을 정확하게 서술하시오.

서술형 주관식

19

다항식 $f(x)=x^4+ax^3+2x^2-2x+b$가 $x+1$, $x-1$을 인수로 가질 때, $f(x)$를 인수분해하시오. [6점]

20

이차방정식 $x^2-4x+m=0$이 서로 다른 두 정수근 α, β를 가질 때, $\alpha+\beta$, $\alpha\beta$를 두 근으로 하고, 이차항의 계수가 1인 이차방정식을 구하시오. (단, $m>0$) [6점]

21

두 실수 $a=2-\sqrt{3}$, $b=2+\sqrt{3}$에 대하여 a^5+b^5의 값을 구하시오. [6점]

22

▶ 유튜브 강의

두 다항식 $f(x)$, $g(x)$에 대하여 $f(x)+g(x)$를 $x-1$로 나누었을 때의 나머지가 4이고, $\{f(x)\}^3+\{g(x)\}^3$을 $x-1$로 나누었을 때의 나머지가 16일 때, $f(x)g(x)$를 $x-1$로 나누었을 때의 나머지를 구하시오. [8점]

23

▶ 유튜브 강의

$2\le x\le 4$에서 이차함수 $y=x^2-4ax+4a^2+b$의 최솟값이 4가 되도록 하는 두 실수 a, b에 대하여 $2a+b$의 최댓값을 구하시오. [8점]

20○○학년도 1학년 1학기 중간고사 (9회)

수 학

범위: 다항식의 연산 ~ 이차함수의 최대, 최소

대상	1학년	고사일시	20 년 월 일	과목코드	09	시간	50분	점수	/100점

- 답안지에 필요한 인적 사항을 정확히 기입할 것.
- 객관식 문제의 답안 표기는 OMR카드에 반드시 컴퓨터용 사인펜을 사용하여 기입할 것.
- 주관식 문제의 답안 표기는 반드시 검은색 펜을 사용할 것.

객관식

01

두 다항식 A, B에 대하여 연산 ◎을 $A◎B=A+2B$로 정의할 때, $(2x^2+x+2y-3)◎(-x^2-x+y+1)$을 계산하면? [3.3점]

① x^2+3y ② y^2-3x ③ $-x-y+5$
④ $-x+4y-1$ ⑤ $x+4y+1$

02

$a+b=5$, $ab=4$일 때, a^4+b^4의 값은? [3.3점]

① 237 ② 250 ③ 257
④ 300 ⑤ 325

03

다항식 x^4+3x^2+4를 두 이차식의 곱으로 인수분해하였을 때, 두 이차식의 합은? (단, 이차항의 계수는 모두 양수이다.)

[3.3점]

① $2x^2-2$ ② $2x^2-1$ ③ $2x^2$
④ $2x^2+2$ ⑤ $2x^2+4$

04

$\sqrt{a}\sqrt{b}=-\sqrt{ab}$, $\dfrac{\sqrt{c}}{\sqrt{d}}=-\sqrt{\dfrac{c}{d}}$를 만족시키는 0이 아닌 네 실수 a, b, c, d에 대하여 $|a+b|-|c-a|+|b+d|$를 간단히 하면?

[3.3점]

① $-a-b-c-d$ ② $-2b-c-d$
③ $-c+d$ ④ $2a-c-d$
⑤ $2b+c+d$

05

이차식 x^2+2x+3을 복소수 범위에서 인수분해할 때, 다음 중 인수인 것은? (단, $i=\sqrt{-1}$) [3.3점]

① $x-1-2i$　② $x-1-i$　③ $x-1+\sqrt{2}i$
④ $x+1-\sqrt{2}i$　⑤ $x+1+2i$

06

두 상수 a, b에 대하여 이차함수 $y=(x-a)^2$의 그래프와 직선 $y=2x+b$가 한 점에서 만날 때, a, b 사이의 관계를 식으로 올바르게 나타낸 것은? [3.3점]

① $a+2b=1$　② $a+2b=-1$　③ $a+b=1$
④ $2a+b=1$　⑤ $2a+b=-1$

07

다항식 $f(x)$를 $x-1$로 나눈 나머지는 3이고, $(x-2)^2$으로 나눈 나머지는 $x+5$이다. 다항식 $f(x)$를 $(x-1)(x-2)$로 나눈 나머지는? [3.7점]

① $4x-1$　② $3x+3$　③ $3x+1$
④ $2x-4$　⑤ $x+1$

08

x에 대한 다항식 x^4+px^2+q를 $(x-1)(x^2-3)$으로 나누었을 때의 나머지가 0일 때, 두 상수 p, q의 합 $p+q$의 값은? [3.7점]

① -1　② 0　③ 1
④ 2　⑤ 3

09

임의의 실수 x에 대하여 등식

$$x^3-2x^2-3x+4=(x-1)^3+a(x-1)^2+b(x-1)+c$$

가 성립할 때, 세 상수 a, b, c에 대하여 $a^2+b^2+c^2$의 값은? [3.7점]

① 15 ② 16 ③ 17 ④ 18 ⑤ 19

10

x에 대한 이차방정식 $x^2-2(k-a)x+k^2+2k+a^2+3b+9=0$이 k의 값에 관계없이 중근을 갖도록 하는 두 상수 a, b에 대하여 ab의 값은? [3.7점]

① 0 ② 1 ③ 2 ④ 3 ⑤ 4

11

이차방정식 $x^2-4x+1=0$의 두 근을 α, β라 할 때, $\dfrac{\beta}{\alpha^2-2\alpha+1}+\dfrac{\alpha}{\beta^2-2\beta+1}$의 값은? [3.7점]

① 6 ② 7 ③ 8 ④ 9 ⑤ 10

12

$0\le x\le 3$에서 이차함수 $y=ax^2-2ax+b$의 최댓값이 8, 최솟값이 4일 때, 두 양수 a, b의 곱 ab의 값은? [3.7점]

① 25 ② 20 ③ 15 ④ 10 ⑤ 5

13

유튜브 강의

두 복소수 $z_1=\dfrac{\sqrt{2}}{1-i}$, $z_2=\dfrac{-1+\sqrt{3}i}{2}$에 대하여 $z_1^{\,n}=z_2^{\,n}$을 만족시키는 자연수 n의 최솟값은? [4점]

① 20 ② 22 ③ 24 ④ 26 ⑤ 28

14

이차방정식 $f(x+1)=0$의 두 근을 α, β라 하면 $\alpha+\beta=3$, $\alpha\beta=2$이다. 이차방정식 $f(x-1)=0$의 두 근의 곱은? [4점]

① 4 ② 6 ③ 9 ④ 12 ⑤ 15

15

유튜브 강의

실수 x, y가 방정식 $x^2+2y^2=1$을 만족할 때, $4x+2y^2$의 최댓값을 M, 최솟값을 m이라 하자. 이때, Mm의 값은? [4점]

① -16 ② -8 ③ 4 ④ 8 ⑤ 16

16

x에 대한 이차방정식 $x^2+(a-4)x-1=0$의 두 근을 α와 β, $x^2+ax+b=0$의 두 근을 α와 γ라 하자. 상수 a, b에 대하여 $2\alpha=\beta-\gamma$가 성립할 때, $4a-b$의 값은? [4점]

① 11 ② 13 ③ 15 ④ 17 ⑤ 19

17

▶ 유튜브 강의

그림과 같이 $y=f(x)$의 그래프가 x축과 만나는 두 점이 각각 A, B이고, y축과 만나는 점이 C$(0,\ -2)$이다. 포물선의 축의 방정식이 $x=3$이고, 삼각형 ACB의 넓이가 8일 때, $f(6)$의 값은? [4점]

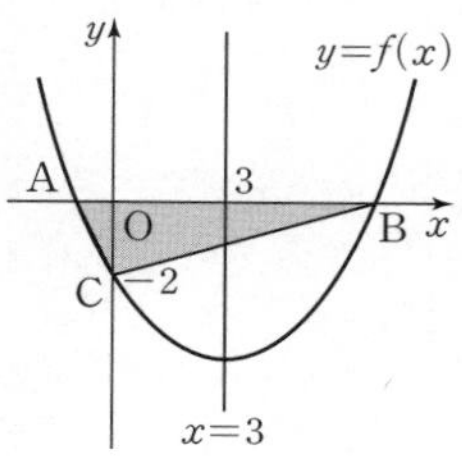

① -2 ② -1 ③ 0
④ 1 ⑤ 2

18

다항식 $f(x)=x^3-ax^2-(b+1)x+b^2-2$에 대하여 $f(x)$를 $(x-a)^2$으로 나눈 몫을 $g(x)$라 할 때 나머지는 $-x-2$이다. $g(5)$의 값은? (단, $a>0$, $b>0$) [4점]

① 2 ② 4 ③ 6
④ 8 ⑤ 10

※ 다음은 서술형 문제입니다. 서술형 답안지에 풀이 과정과 답을 정확하게 서술하시오.

서술형 주관식

19

복소수 $z=(1+i)x^2-(1+2i)x-2-3i$를 제곱하면 양의 실수가 된다. 이때, 실수 x의 값을 구하시오. [6점]

20

$a(b+c)^2+b(c+a)^2+c(a+b)^2-4abc$를 인수분해하시오. [6점]

21

다항식 $f(x)=2x^3+6x^2+3x+4$에서 $f(98)$의 값을 구하시오.

[6점]

22

▶ 유튜브 강의

복소수 $z=a+bi$ $(a>0, b>0)$에 대하여 $z^2+\overline{z}=0$일 때, $(z^2+1)^n$이 정수가 되는 50 이하의 자연수 n의 개수를 구하시오. [8점]

23

▶ 유튜브 강의

삼차다항식 $P(x)$가 다음 조건을 만족시킨다.

> (가) $(x-1)P(x-2)=(x-7)P(x)$
> (나) $P(x)$를 x^2-4x+2로 나눈 나머지는 $2x-10$이다.

$P(10)$의 값을 구하시오. [8점]

20○○학년도 1학년 1학기 중간고사 (10회)

수 학

범위: 다항식의 연산 ~ 이차함수의 최대, 최소

대상	1학년	고사일시	20 년 월 일	과목코드	10	시간	50분	점수	/100점

• 답안지에 필요한 인적 사항을 정확히 기입할 것.
• 객관식 문제의 답안 표기는 OMR카드에 반드시 컴퓨터용 사인펜을 사용하여 기입할 것.
• 주관식 문제의 답안 표기는 반드시 검은색 펜을 사용할 것.

객관식

01

두 다항식 A, B에 대하여

$$A+2B=x^2+5x-4,\ A-B=-2x^2-x+8$$

이고 $A+B=ax^2+bx+c$일 때, $a+b+c$의 값은?

(단, a, b, c는 상수이다.) [3.3점]

① 1 ② 2 ③ 3
④ 4 ⑤ 5

02

이차방정식 $x^2+4x+a=0$의 두 근을 α, β라 할 때, $(\alpha^2+\beta)(\alpha+\beta^2)=\alpha\beta$를 만족하는 양수 a의 값은? [3.3점]

① 1 ② 2 ③ 3
④ 4 ⑤ 5

03

이차함수 $y=-x^2+ax+b$가 $x=1$에서 최댓값 3을 가질 때, 두 상수 a, b에 대하여 $a+b$의 값은? [3.3점]

① 1 ② 2 ③ 3
④ 4 ⑤ 5

04

이차방정식 $x^2-6x+6=0$의 두 근을 α, β라 할 때, $(\alpha^2-\alpha+1)(\beta^2+\beta-1)$의 값은? [3.3점]

① 12 ② 18 ③ 24
④ 30 ⑤ 35

05

x에 대한 이차방정식 $x^2+2(5-k)x+k^2=0$은 실근을 갖고 이차방정식 $x^2+x+k=0$은 허근을 갖게 하는 모든 정수 k의 값의 곱은? [3.3점]

① 1 ② 2 ③ 3
④ 4 ⑤ 5

06

x에 대한 이차방정식 $x^2-(k^2-3k-4)x+2-k=0$의 두 실근의 절댓값이 같고 서로 부호가 다를 때, 실수 k의 값은? [3.3점]

① -4 ② -1 ③ 1
④ 4 ⑤ 5

07

$a+b+c=1$, $ab+bc+ca=10$, $abc=9$일 때, $(a+b)(b+c)(c+a)$의 값은? [3.7점]

① 1 ② 2 ③ 3
④ 4 ⑤ 5

08

다항식 $f(x)$를 $x-1$로 나누었을 때의 나머지가 4, $x+1$로 나누었을 때의 나머지가 4일 때, 다항식 $(2x^2+x)f(x)$를 x^2-1로 나누었을 때의 나머지를 구하면? [3.7점]

① $-x-5$ ② $-x+1$ ③ $2x-4$
④ $3x+2$ ⑤ $4x+8$

09

복소수 z가 다음 조건을 모두 만족할 때, $z+\overline{z}$의 값은?

(단, $\overline{z}$는 z의 켤레복소수, $i=\sqrt{-1}$) [3.7점]

(가) $z+(1-2i)$는 양의 실수
(나) $z\overline{z}=8$

① 2 ② 4 ③ 6
④ 8 ⑤ 10

10

z가 복소수일 때, 〈보기〉에서 옳은 것만을 있는 대로 고른 것은? [3.7점]

보기
ㄱ. $z\overline{z}=0$이면 $z=0$이다.
ㄴ. $z^2+\overline{z}^2=0$이면 $z=0$이다.
ㄷ. $z=-\overline{z}$이면 z는 실수이다.

① ㄱ ② ㄴ ③ ㄱ, ㄷ
④ ㄴ, ㄷ ⑤ ㄱ, ㄴ, ㄷ

11

이차함수 $y=(k-1)x^2-2(k+1)x+(k+2)$의 그래프가 x축과 서로 다른 두 점에서 만나게 되는 5 이하의 정수 k의 값의 합은? [3.7점]

① 11 ② 12 ③ 13
④ 14 ⑤ 15

12

이차함수 $y=x^2+kx+k$의 그래프가 다음 두 조건을 모두 만족시킬 때, 상수 k의 값은? [3.7점]

(가) x축에 접한다.
(나) 직선 $y=kx+1$과 만나지 않는다.

① 0 ② 1 ③ 2
④ 3 ⑤ 4

13

$a+b=1$이고 $a^2+b^2=-1$일 때, $a^{26}+b^{38}$의 값은? [4점]

① -2　② -1　③ 0　④ 1　⑤ 2

14

다음 중 $a^3(b-c)+b^3(c-a)+c^3(a-b)$의 인수가 아닌 것은? [4점]

① $a-b$　② $b-c$　③ $c-a$　④ $a+b+c$　⑤ $a-b-c$

15

자연수 n에 대하여

$$f(n)=\left(\frac{1+i}{1-i}\right)^{2n-1}+\left(\frac{1-i}{1+i}\right)^{2n}$$

이라 할 때, $f(1)+f(2)+f(3)+\cdots+f(50)$의 값은? [4점]

① -2　② -1　③ 0　④ 1　⑤ 2

16

유튜브 강의

다항식 $f(x)$를 x^4+2x^3+5x+2로 나누었을 때의 나머지는 $x^3-4x^2-11x+3$이고, x^2+3x+1로 나누었을 때의 몫은 $2x^3+x^2+2x-1$이라 한다. 이때, $f(-1)$의 값은? [4점]

① 5　② 4　③ 3　④ 2　⑤ 1

17

유튜브 강의

$\angle C=90^\circ$인 직각삼각형 ABC가 있다. 그림과 같이 점 D는 꼭짓점 C에서 선분 AB에 내린 수선의 발이고 $\overline{CD}=1$이다. 삼각형 ABC의 둘레의 길이가 5일 때, 삼각형 ABC의 넓이는? [4점]

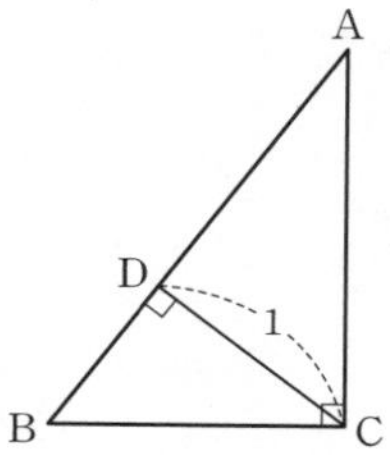

① $\frac{13}{24}$　② $\frac{25}{24}$　③ $\frac{13}{12}$

④ $\frac{9}{8}$　⑤ $\frac{7}{6}$

18

유튜브 강의

이차함수 $y=f(x)$의 그래프가 x축과 만나고, 모든 실수 x에 대하여 $f(2-x)=f(2+x)$를 만족할 때, 이차방정식 $f(x)=0$의 두 실근의 곱의 최댓값은? [4점]

① 1　② 2　③ 3

④ 4　⑤ 5

※ 다음은 서술형 문제입니다. 서술형 답안지에 풀이 과정과 답을 정확하게 서술하시오.

서술형 주관식

19

두 복소수 $x=\frac{1+\sqrt{7}i}{2}$, $y=\frac{1-\sqrt{7}i}{2}$에 대하여 $\frac{x^2}{y}+\frac{y^2}{x}$의 값을 구하시오. [6점]

20

x에 대한 항등식

$(x^2+x+1)^5=a_{10}(x+1)^{10}+a_9(x+1)^9+\cdots+a_1(x+1)+a_0$

에서 $a_1+a_2+\cdots+a_9+a_{10}$의 값을 구하시오.

(단, a_0, a_1, $\cdots$, a_{10}은 상수이다.) [6점]

21

인수분해 공식을 이용하여 $\frac{40000\times40001+1}{40201}$의 값을 구하시오. [6점]

22

▶ 유튜브 강의

그림은 이차함수 $y=x^2+x-6$의 그래프와 y축 및 x축의 교점 A, B, C를 나타낸 것이다. 직선 CD는 직선 AB와 평행하고, 점 D는 주어진 이차함수의 그래프 위의 점일 때, 삼각형 BCD의 넓이를 구하시오. [8점]

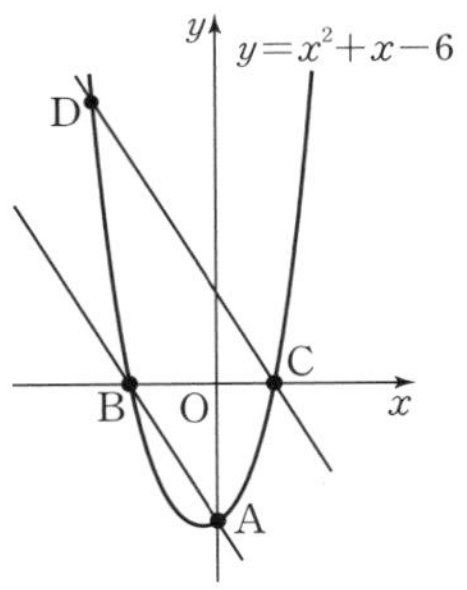

23

▶ 유튜브 강의

다항식 $f(x)$가 다음 조건을 만족시킨다.

> (가) $xf(x-1)$을 $x-2$로 나눈 나머지는 12이다.
> (나) $(x+2)f(x+1)$을 $x-1$로 나눈 나머지는 30이다.

$f(x)$를 x^2-3x+2로 나눈 나머지가 $R(x)$일 때, $R(5)$의 값을 구하시오. [8점]

[부록 1회] 고차방정식

대상	1학년	고사일시	20 년 월 일	과목코드	01	시간	20분	점수	/40점

- 답안지에 필요한 인적 사항을 정확히 기입할 것.
- 객관식 문제의 답안 표기는 OMR카드에 반드시 컴퓨터용 사인펜을 사용하여 기입할 것.
- 주관식 문제의 답안 표기는 반드시 검은색 펜을 사용할 것.

객관식

01

삼차방정식 $x^3+x^2+4x-6=0$의 두 허근을 α, β라 할 때, $\alpha^2+\beta^2$의 값은? [4점]

① -12 ② -10 ③ -8
④ -6 ⑤ -4

02

삼차방정식 $2x^3-2x^2-kx+k=0$이 한 개의 실근과 두 개의 허근을 가질 때, 실수 k의 값의 범위는? [4점]

① $k<-3$ ② $-3<k<0$ ③ $k<0$
④ $k>0$ ⑤ $0<k<3$

03

삼차방정식 $x^3-7x+6=0$의 세 근 α, β, γ $(\alpha>\beta>\gamma)$에 대하여 $\alpha+3\beta-2\gamma$의 값은? [4점]

① 10 ② 11 ③ 12
④ 13 ⑤ 14

04

방정식 $x^3+1=0$의 한 허근을 ω라 할 때, $1+\omega-\omega^3-\omega^5$의 값은? [4점]

① ω ② $-\omega$ ③ $\omega^2-\omega$
④ $2\omega+1$ ⑤ $\omega-1$

05

▶유튜브 강의

방정식 $x^3=1$을 만족하는 한 허근을 ω라 할 때,

$$\left(\omega+\frac{1}{\omega}\right)^2+\left(\omega^2+\frac{1}{\omega^2}\right)^2+\left(\omega^3+\frac{1}{\omega^3}\right)^2+\cdots+\left(\omega^9+\frac{1}{\omega^9}\right)^2$$

의 값은? [5점]

① 18 ② 20 ③ 22
④ 24 ⑤ 26

06

삼차방정식 $x^3+1=0$의 한 허근을 α라 할 때, 옳은 내용을 〈보기〉에서 모두 고른 것은? (단, $\overline{\alpha}$는 α의 켤레복소수이다.) [5점]

보기

ㄱ. $\alpha^2-\alpha+1=0$
ㄴ. $\alpha+\overline{\alpha}=\alpha\overline{\alpha}=1$
ㄷ. 모든 자연수 n에 대하여 $(1-\alpha)^{3n}=(-1)^n$

① ㄱ ② ㄱ, ㄴ ③ ㄱ, ㄷ
④ ㄴ, ㄷ ⑤ ㄱ, ㄴ, ㄷ

※ 다음은 서술형 문제입니다. 서술형 답안지에 풀이 과정과 답을 정확하게 서술하시오.

서술형 주관식

07

사차방정식 $x(x-1)(x+1)(x+2)=8$의 두 실근의 합을 a, 두 허근의 곱을 b라 할 때, $a+2b$의 값을 구하시오. [6점]

08

▶유튜브 강의

사차방정식 $x^4+x^3+2x^2+x+1=0$의 임의의 허근 α에 대하여 $\alpha^n=1$이 되는 자연수 n의 최솟값을 구하시오. [8점]

[부록 2회] 고차방정식

대상	1학년	고사일시	20 년 월 일	과목코드	02	시간	20분	점수	/40점

- 답안지에 필요한 인적 사항을 정확히 기입할 것.
- 객관식 문제의 답안 표기는 OMR카드에 반드시 컴퓨터용 사인펜을 사용하여 기입할 것.
- 주관식 문제의 답안 표기는 반드시 검은색 펜을 사용할 것.

객관식

01

두 실수 a, b에 대하여 삼차방정식 $x^3-x^2+ax+b=0$의 한 근이 $2+i$일 때, $a+b$의 값은? (단, $i=\sqrt{-1}$) [4점]

① 4　② 5　③ 6　④ 7　⑤ 8

02

삼차방정식 $(x-5)(x^2-6x+a)=0$이 중근을 가질 때, 실수 a의 모든 값의 합은? [4점]

① 10　② 12　③ 14　④ 16　⑤ 18

03

사차방정식 $x^4+2x^3+3x^2-2x-4=0$의 두 허근을 α, β라 할 때, $\alpha^2+\beta^2$의 값은? [4점]

① -4　② -2　③ 0　④ 2　⑤ 4

04

방정식 $x^3=-1$의 한 허근 ω에 대하여 $\frac{\omega}{1-\omega}-\frac{\omega^2}{1+\omega^2}$의 값은? [4점]

① -4　② -3　③ -2　④ -1　⑤ 0

05

$\alpha=\frac{-1+\sqrt{3}i}{2}$, $\beta=\frac{1-\sqrt{3}i}{2}$ 일 때,

$\alpha+\beta^2+\alpha^3+\beta^4+\alpha^5+\beta^6+\cdots+\alpha^{55}+\beta^{56}$의 값은? [5점]

① $-\sqrt{3}i$　② -1　③ 0
④ 1　⑤ $\sqrt{3}i$

06

ⓘ 유튜브 강의

방정식 $x^3-1=0$의 한 허근을 ω라 할 때, 옳은 것만을 〈보기〉에서 있는 대로 고른 것은? [5점]

보기

ㄱ. $\omega^{10}=\omega$
ㄴ. $\frac{\omega^2}{1+\omega}+\frac{\overline{\omega}}{1+\overline{\omega}^2}=-1$ (단, $\overline{\omega}$는 ω의 켤레복소수이다.)
ㄷ. $\omega^{4n}+(\omega+1)^{4n}+1=0$을 만족시키는 30 이하의 양의 정수 n의 개수는 15이다.

① ㄱ　② ㄷ　③ ㄱ, ㄴ
④ ㄴ, ㄷ　⑤ ㄱ, ㄴ, ㄷ

※ 다음은 서술형 문제입니다. 서술형 답안지에 풀이 과정과 답을 정확하게 서술하시오.

서술형 주관식

07

사차방정식 $x^4-ax^3-2x^2+3x+b=0$의 두 근이 1, -1일 때, 나머지 두 근의 합을 구하시오. (단, a, b는 상수이다.) [6점]

08

ⓘ 유튜브 강의

x에 대한 삼차방정식 $x^3-3x^2+(k+2)x-k=0$의 세 실근이 직각삼각형의 세 변의 길이가 되도록 하는 실수 k의 값에 대하여 $16k$의 값을 구하시오. (단, 빗변의 길이는 1보다 크다.) [8점]

[부록 3회] 고차방정식

대상	1학년	고사일시	20 년 월 일	과목코드	03	시간	20분	점수	/40점

• 답안지에 필요한 인적 사항을 정확히 기입할 것.
• 객관식 문제의 답안 표기는 OMR카드에 반드시 컴퓨터용 사인펜을 사용하여 기입할 것.
• 주관식 문제의 답안 표기는 반드시 검은색 펜을 사용할 것.

객관식

01

삼차방정식 $x^3-5x^2-4x+3=0$의 세 근을 α, β, γ라 할 때, $(1-\alpha)(1-\beta)(1-\gamma)$의 값은? [4점]

① -5 ② -3 ③ -1
④ 1 ⑤ 3

02

사차방정식 $x^4-5x^2-6=0$의 두 실근을 α, β라 하고, 두 허근을 γ, δ라 할 때, $\alpha\beta+\gamma\delta$의 값은? [4점]

① -1 ② -2 ③ -3
④ -4 ⑤ -5

03

방정식 $x^2=x-1$의 한 허근을 ω라 할 때, $(1-\omega)(1+\omega^2)(1-\omega^3)(1+\omega^4)(1-\omega^5)$의 값은? [4점]

① 1 ② 2 ③ 3
④ 4 ⑤ 5

04

삼차방정식 $f(x)=0$의 세 근을 α, β, γ라 할 때, $\alpha+\beta+\gamma=18$이 성립한다. 이때, $f(3x-2)=0$의 세 근의 합은? [4점]

① 2 ② 4 ③ 6
④ 8 ⑤ 10

05

방정식 $x^3=1$의 한 허근을 ω라 할 때, 〈보기〉 중 옳은 것을 모두 고른 것은? [5점]

보기

ㄱ. $(1+\omega)^2=\omega$

ㄴ. $(1+\omega)^{10}=\omega^2$

ㄷ. 모든 자연수 n에 대하여 $(1+\omega)^{3n}=(-1)^n$

① ㄱ　② ㄴ　③ ㄱ, ㄴ　④ ㄱ, ㄷ　⑤ ㄱ, ㄴ, ㄷ

06

유튜브 강의

그림과 같이 가로의 길이가 8 cm, 세로의 길이가 10 cm인 직사각형 모양의 종이가 있다. 이 종이의 네 귀퉁이에서 한 변의 길이가 x cm인 정사각형을 잘라내어 부피가 48 cm^{3}인 상자를 만들려고 한다. 이때, 실수 x의 모든 값의 합은? [5점]

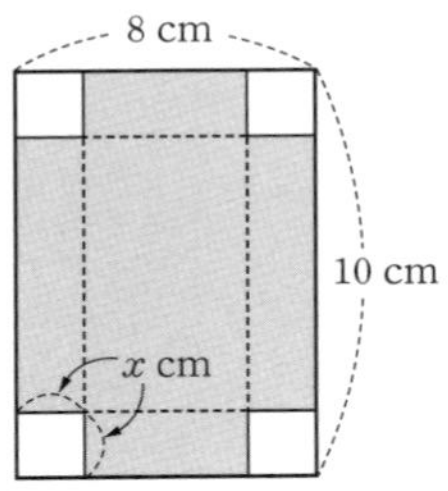

① 1　② 2　③ 3　④ 4　⑤ 5

※ 다음은 서술형 문제입니다. 서술형 답안지에 풀이 과정과 답을 정확하게 서술하시오.

서술형 주관식

07

사차방정식 $x^4+ax^2+b=0$의 한 근이 $1-i$일 때, a^2+b^2의 값을 구하시오. (단, a, b는 실수이다.) [6점]

08

유튜브 강의

삼차방정식 $x^3=1$의 한 허근을 ω라 하고, 양의 정수 n에 대하여

$f(n)=\dfrac{\omega^n}{1+\omega^{2n}}$이라 정의할 때,

$f(1)-f(2)+f(3)-f(4)+\cdots-f(16)$의 값을 구하시오. [8점]

[부록 4회] 연립방정식

대상	1학년	고사일시	20　년　월　일	과목코드	04	시간	20분	점수	/40점

- 답안지에 필요한 인적 사항을 정확히 기입할 것.
- 객관식 문제의 답안 표기는 OMR카드에 반드시 컴퓨터용 사인펜을 사용하여 기입할 것.
- 주관식 문제의 답안 표기는 반드시 검은색 펜을 사용할 것.

객관식

01

연립방정식 $\begin{cases} x+y=5 \\ x^2+2xy+2y^2=26 \end{cases}$ 의 해가

$\begin{cases} x=a \\ y=b \end{cases}$ 또는 $\begin{cases} x=c \\ y=d \end{cases}$ 일 때, $abcd$의 값은? [4점]

① -24　② -12　③ -6　④ 12　⑤ 24

02

연립방정식 $\begin{cases} x-y=k \\ x^2+y^2=8 \end{cases}$ 이 오직 한 쌍의 해를 가질 때, 양수 k의 값은? [4점]

① 1　② 2　③ 3　④ 4　⑤ 5

03

연립방정식 $\begin{cases} x^2=y^2 \\ 3x^2=xy+8 \end{cases}$ 에서 $x>y$를 만족시키는 y의 값은? [4점]

① $-\sqrt{3}$　② $-\sqrt{2}$　③ -1　④ $\sqrt{2}$　⑤ $\sqrt{3}$

04

연립방정식 $\begin{cases} x^2-2xy-3y^2=5 \\ 2x^2+3xy+y^2=3 \end{cases}$ 의 해를 $x=\alpha$, $y=\beta$라 할 때, $\alpha^2+\beta^2$의 값은? [4점]

① 1　② 2　③ 3　④ 4　⑤ 5

05

▶ 유튜브 강의

연립방정식 $\begin{cases} x+y-xy=1 \\ 2x+2y-3xy=8 \end{cases}$ 을 만족시키는 두 실수 x, y에 대하여 xy의 값은? [5점]

① -8　② -7　③ -6　④ -5　⑤ -4

06

연립방정식 $\begin{cases} x^2+y^2=25 \\ xy=-12 \end{cases}$ 를 만족시키는 두 실수 x, y에 대하여 $x-2y$의 최댓값은? [5점]

① 8　② 9　③ 10　④ 11　⑤ 12

※ 다음은 서술형 문제입니다. 서술형 답안지에 풀이 과정과 답을 정확하게 서술하시오.

서술형 주관식

07

▶ 유튜브 강의

연립방정식 $\begin{cases} ax-y=1 \\ x-y=3 \end{cases}$ 의 해가 연립방정식 $\begin{cases} x+y=b \\ x^2+y^2=17 \end{cases}$ 을 만족시킬 때, 두 상수 a, b에 대하여 $a+b$의 값을 구하시오. (단, $a<b$) [6점]

08

그림과 같이 빗변의 길이가 15 m인 직각삼각형 모양의 꽃밭이 있다. 이 꽃밭의 직각을 낀 두 변의 길이를 각각 3 m씩 줄여 직각삼각형 모양의 꽃밭을 만들면 처음 꽃밭의 넓이보다 $27\,m^2$ 줄어든다. 처음 꽃밭의 직각을 낀 두 변의 길이를 구하시오. [8점]

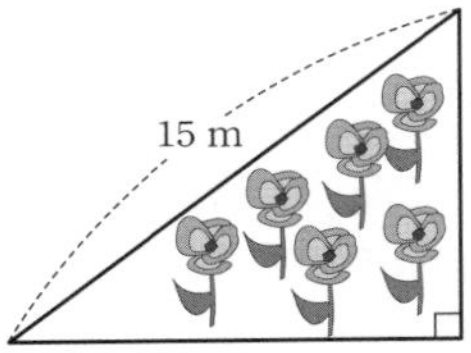

아~름다운 샘 A~ssam 내신 FINAL

고1 수학

정답 및 해설

20○○학년도 1학년 1학기 중간고사(1회)

01 ①	**02** ⑤	**03** ③	**04** ④	**05** ②
06 ①	**07** ③	**08** ④	**09** ③	**10** ⑤
11 ②	**12** ④	**13** ③	**14** ①	**15** ①
16 ③	**17** ⑤	**18** ②	**19** 10	**20** 32
21 4	**22** 1	**23** −2		

01 $A+2B=(4x^2-9x+1)+2(2x^2+3x-4)$
$=4x^2-9x+1+4x^2+6x-8$
$=8x^2-3x-7$

02 주어진 등식을 x, y에 대하여 정리하면
$(a+2b)x+(2a-b+5)y=0$
이 식이 x, y에 대한 항등식이므로
$a+2b=0$, $2a-b+5=0$
두 식을 연립하여 풀면 $a=-2$, $b=1$
$\therefore a+b=-1$

03 ① $(6+4i)+(4-i)=10+3i$
② $(i-5)-(2i-10)=-i+5$
③ $(3-i)(3+i)=9-i^2=10$
④ $(1-i^2)(1+i^2)=(1+1)(1-1)=0$
⑤ $\dfrac{1+i}{1-i}=\dfrac{(1+i)^2}{(1-i)(1+i)}=\dfrac{2i}{2}=i$

04 $(x-1)(x-2)(x-3)(x-4)$
$=\{(x-1)(x-4)\}\{(x-2)(x-3)\}$
$=(x^2-5x+4)(x^2-5x+6)$
$x^2-5x=t$로 치환하여 전개하면
$(t+4)(t+6)=t^2+10t+24$
$=(x^2-5x)^2+10(x^2-5x)+24$
$=x^4-10x^3+25x^2+10x^2-50x+24$
$=x^4-10x^3+35x^2-50x+24$
따라서 x의 계수 $a=-50$, 상수항 $b=24$이므로
$b-a=74$

05 $x^2-5x+1=0$에서 $x^2+1=5x$
$x\neq0$이므로 양변을 x로 나누면
$x+\dfrac{1}{x}=5$
$\therefore x^2+\dfrac{1}{x^2}=\left(x+\dfrac{1}{x}\right)^2-2$
$=5^2-2=23$

> **핵심 포인트**
> $x^2+\dfrac{1}{x^2}=\left(x+\dfrac{1}{x}\right)^2-2=\left(x-\dfrac{1}{x}\right)^2+2$

06 $f(x)=-3x^3+kx^2-k^2x+9$로 놓으면
$f(x)$는 $x-1$로 나누어떨어지므로
$f(1)=-3+k-k^2+9=0$
$k^2-k-6=0$
$(k+2)(k-3)=0$
$\therefore k=-2$ 또는 $k=3$
따라서 모든 상수 k의 값의 합은 1이다.

> **핵심 포인트**
> x에 대한 다항식 $f(x)$에 대하여 $f(x)$가 $x-\alpha$로 나누어떨어진다.
> $\Longleftrightarrow f(\alpha)=0$

07 $i+2i^2+3i^3+4i^4=i-2-3i+4=2-2i$
$5i^5+6i^6+7i^7+8i^8=5i-6-7i+8=2-2i$
$\therefore i+2i^2+3i^3+4i^4+\cdots+8i^8=(2-2i)\times2=4-4i$
따라서 $a=4$, $b=-4$이므로
$a+b=4-4=0$

08 $\sqrt{-2}\sqrt{-18}=\sqrt{2}\,i\times\sqrt{18}\,i$
$=\sqrt{36}\,i^2=-6$
$\dfrac{\sqrt{12}}{\sqrt{-3}}=\dfrac{\sqrt{12}}{\sqrt{3}\,i}=\dfrac{2\sqrt{3}\,i}{\sqrt{3}\,i^2}=-2i$
$-\dfrac{\sqrt{-8}}{\sqrt{-2}}=-\dfrac{\sqrt{8}i}{\sqrt{2}i}=-\dfrac{2\sqrt{2}i}{\sqrt{2}i}=-2$
따라서 $-8-2i=a+bi$이므로
$a=-8$, $b=-2$
$\therefore a+b=-10$

09 이차방정식 $x^2+2(k-1)x+k^2-10=0$의 판별식을 D라 하면 이 이차방정식이 서로 다른 두 실근을 갖기 위해서는 $D>0$이어야 한다.
$\dfrac{D}{4}=(k-1)^2-(k^2-10)>0$
$-2k+11>0 \qquad \therefore k<\dfrac{11}{2}$
따라서 구하는 자연수 k의 개수는 1, 2, 3, 4, 5의 5이다.

10 이차함수 $y=x^2+4x-k$의 그래프가 x축과 만나지 않아야 하므로 이차방정식 $x^2+4x-k=0$의 판별식을 D라 하면 $D<0$이어야 한다.
$D=4^2-4\times1\times(-k)=16+4k<0$
$4k<-16$
$\therefore k<-4$

11 이차함수 $y=x^2+ax+b$의 그래프가 두 직선 $y=-x+4$, $y=3x+3$에 동시에 접하려면 두 식 $y=x^2+ax+b$, $y=-x+4$를 연립한 이차방정식과 $y=x^2+ax+b$, $y=3x+3$을 연립한 이차방정식의 판별식의 값이 모두 0이어야 한다.
(i) 이차방정식 $x^2+ax+b=-x+4$, 즉
$x^2+(a+1)x+b-4=0$의 판별식을 D_1이라 하면
$D_1=(a+1)^2-4b+16=0$
$\therefore 4b=a^2+2a+17 \qquad \cdots\cdots$ ㉠

(ii) 이차방정식 $x^2+ax+b=3x+3$, 즉
$x^2+(a-3)x+b-3=0$의 판별식을 D_2라 하면
$D_2=(a-3)^2-4b+12=0$
$\therefore 4b=a^2-6a+21$ ……㉡
㉠, ㉡을 연립하여 풀면
$a^2+2a+17=a^2-6a+21$ $\therefore a=\frac{1}{2}$
$a=\frac{1}{2}$을 ㉠에 대입하면 $b=\frac{73}{16}$
$\therefore ab=\frac{73}{32}$

12 $2020=a$로 치환하면 $2019=a-1$
$\therefore x=\frac{2020^3+1}{2019\times2020+1}=\frac{a^3+1}{(a-1)a+1}$
$=\frac{(a+1)(a^2-a+1)}{a^2-a+1}$
$=a+1=2021$
$\therefore \frac{x-1}{x+1}=\frac{2020}{2022}=\frac{1010}{1011}$

13 $f(x)=(x-1)Q(x)+3$
$Q(x)$를 $x-3$으로 나눈 나머지가 7이므로
$Q(3)=7$
$(2x-3)f(x)=(2x-3)\{(x-1)Q(x)+3\}$이므로
$(2x-3)f(x)$를 $x-3$으로 나누었을 때의 나머지는
$3f(3)=3\{2Q(3)+3\}=51$

14 $x-y=3$ ……㉠
$x-z=1$ ……㉡
㉡$-$㉠을 하면 $y-z=-2$
$\therefore x^2+y^2+z^2-xy-yz-zx$
$=\frac{1}{2}(2x^2+2y^2+2z^2-2xy-2yz-2zx)$
$=\frac{1}{2}\{(x^2-2xy+y^2)+(y^2-2yz+z^2)+(z^2-2zx+x^2)\}$
$=\frac{1}{2}\{(x-y)^2+(y-z)^2+(z-x)^2\}$
$=\frac{1}{2}\{3^2+(-2)^2+(-1)^2\}$
$=\frac{1}{2}(9+4+1)=7$

15 근과 계수의 관계에 의하여
$\alpha+\beta=-\frac{3}{2}$, $\alpha\beta=\frac{1}{2}$이므로
$\left(\alpha+\frac{1}{\beta}\right)+\left(\beta+\frac{1}{\alpha}\right)=(\alpha+\beta)+\left(\frac{1}{\alpha}+\frac{1}{\beta}\right)$
$=(\alpha+\beta)+\frac{\alpha+\beta}{\alpha\beta}$
$=-\frac{3}{2}+\frac{-\frac{3}{2}}{\frac{1}{2}}=-\frac{9}{2}$
$\left(\alpha+\frac{1}{\beta}\right)\left(\beta+\frac{1}{\alpha}\right)=\alpha\beta+\frac{1}{\alpha\beta}+2$
$=\frac{1}{2}+2+2=\frac{9}{2}$
이때, $\alpha+\frac{1}{\beta}$, $\beta+\frac{1}{\alpha}$을 두 근으로 하고, x^2의 계수가 1인 이차 방정식은 $x^2+\frac{9}{2}x+\frac{9}{2}=0$이므로
$a=\frac{9}{2}$, $b=\frac{9}{2}$
$\therefore a+b=9$

16 $x^2+(a-4)x-4=0$의 두 근을 t, $t+4$라 하면 근과 계수의 관계에 의하여
$t+(t+4)=4-a$ ……㉠
$t(t+4)=-4$ ……㉡
㉡에서 $(t+2)^2=0$
$\therefore t=-2$
이것을 ㉠에 대입하면 $a=4$
$x^2+(a+2)x+4=0$의 두 근을 α, β라 하면
$\alpha+\beta=-(a+2)=-6$, $\alpha\beta=4$
$\therefore d^2=(\alpha-\beta)^2=(\alpha+\beta)^2-4\alpha\beta$
$=36-16=20$

17 $x^2+2x-1=t$로 놓으면
$t=x^2+2x-1$
$=(x+1)^2-2$
$-2\le x\le 0$이므로 그림에서
t의 값의 범위는
$-2\le t\le -1$

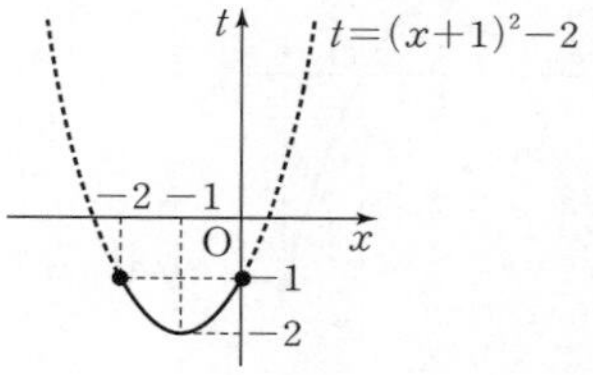

주어진 함수는
$y=t^2+4(t+1)-3$
$=(t+2)^2-3$
따라서 $t=-2$일 때
최솟값 $m=-3$,
$t=-1$일 때 최댓값 $M=-2$
$\therefore M+m=-5$

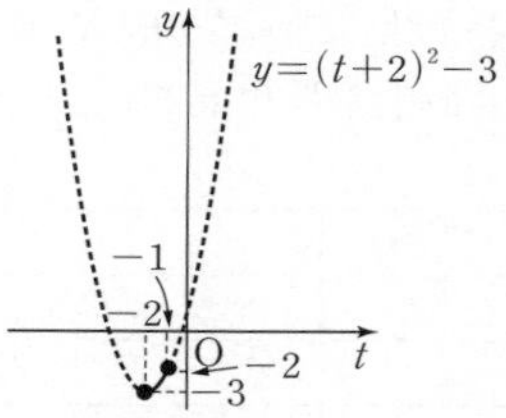

18

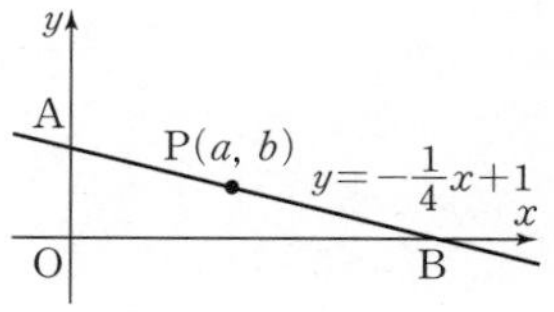

점 $P(a, b)$는 직선 $y=-\frac{1}{4}x+1$ 위의 점이므로
$b=-\frac{1}{4}a+1$이다.
$b=-\frac{1}{4}a+1$을 주어진 식에 대입하면
$a^2+8b=a^2+8\left(-\frac{1}{4}a+1\right)$
$=a^2-2a+8$
$=(a-1)^2+7$
이다. 그런데 $A(0, 1)$, $B(4, 0)$이므로 $0\le a\le 4$이다.
따라서 $a=1$일 때, a^2+8b의 최솟값은 7이고,

$a=4$일 때, a^2+8b의 최댓값은 16이다.
따라서 최댓값과 최솟값의 합은 23이다.

[다른 풀이]

$a=-4b+4$를 주어진 식에 대입하면

$$\begin{aligned}a^2+8b&=(-4b+4)^2+8b\\&=16b^2-32b+16+8b\\&=16b^2-24b+16\\&=16\left(b^2-\frac{3}{2}b+\frac{9}{16}\right)+7\\&=16\left(b-\frac{3}{4}\right)^2+7\end{aligned}$$

이다. 그런데 A(0, 1), B(4, 0)이므로 $0\le b\le 1$이다.
따라서 $b=\frac{3}{4}$일 때, a^2+8b의 최솟값은 7이고
$b=0$일 때, a^2+8b의 최댓값은 16이다.

19

$$\begin{array}{r} x+2 \\ x^2-x+1\overline{)\,x^3+\ x^2\qquad -5} \\ \underline{x^3-\ x^2+\ x\quad} \\ 2x^2-\ x-5 \\ \underline{2x^2-2x+2} \\ x-7 \end{array}$$ ……㉮

즉, $Q(x)=x+2$, $R(x)=x-7$이므로 ……㉯
$Q(5)=5+2=7$, $R(10)=10-7=3$
$\therefore Q(5)+R(10)=7+3=10$ ……㉰

채점 기준	배점
㉮ 나눗셈 하기	2점
㉯ $Q(x)$, $R(x)$ 구하기	2점
㉰ 답 구하기	2점

20 이차방정식의 근과 계수의 관계에 의하여
$\alpha+\beta=-4$, $\alpha\beta=8$ ……㉮
$\therefore \alpha^3+\beta^3=(\alpha+\beta)^3-3\alpha\beta(\alpha+\beta)$
$=(-4)^3-3\times8\times(-4)=32$ ……㉯

채점 기준	배점
㉮ $\alpha+\beta$, $\alpha\beta$의 값 구하기	3점
㉯ 답 구하기	3점

21 $P(a)=P(b)=P(6)=0$이므로
$P(x)$는 $x-a$, $x-b$, $x-6$을 인수로 갖는다.
이때, $P(x)$는 삼차항의 계수가 1인 삼차다항식이므로
$P(x)=(x-a)(x-b)(x-6)$ ……㉮
$P(1)=(1-a)(1-b)(-5)=-20$이므로
$ab-(a+b)=3$ $\quad\therefore a+b=7$ ……㉯
이때, a, b는 $ab=10$을 만족하는 자연수이므로 각각 2, 5 중 하나의 값을 갖는다.
따라서 $P(x)$를 $x-4$로 나누었을 때의 나머지는
$P(4)=(4-2)(4-5)(4-6)=4$ ……㉰

채점 기준	배점
㉮ $P(x)$의 식 구하기	2점
㉯ $a+b$의 값 구하기	2점
㉰ 답 구하기	2점

22 $y=f(x)$의 그래프와 x축의 교점의 x좌표가 -4, -1이므로
$f(x)=x^2+ax+b=(x+4)(x+1)$
$y=g(x)$의 그래프와 x축의 교점의 x좌표가 -4, 2이므로
$g(x)=-x^2+cx+d=-(x+4)(x-2)$ ……㉮
따라서 방정식 $f(x)+2g(x)=0$은
$(x+4)(x+1)-2(x+4)(x-2)=0$
$x^2-x-20=0$ ……㉯
$(x-5)(x+4)=0$
$\therefore x=-4$ 또는 $x=5$
따라서 모든 해의 합은 1이다. ……㉰

채점 기준	배점
㉮ $f(x)$, $g(x)$의 식 구하기	4점
㉯ 이차방정식 세우기	2점
㉰ 답 구하기	2점

23 이차함수 $y=x^2-2x+a+1=(x-1)^2+a$의 그래프의 대칭축 $x=1$의 위치가 $a\le x\le a+1$의 오른쪽, 왼쪽일 때로 각각 나누어 생각하면 ……㉮

(i) $a+1\le1$, 즉 $a\le0$일 때,
$x=a+1$에서 최솟값 a^2+a를 가지므로
$a^2+a=2$, $(a+2)(a-1)=0$
$\therefore a=-2$ ($\because a\le0$)

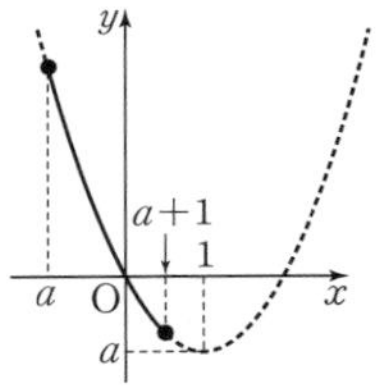

(ii) $a<1<a+1$, 즉 $0<a<1$일 때,
$x=1$에서 최솟값 a를 가지므로
$a=2$
그런데 이 값은 $0<a<1$을 만족하지 않으므로 부적합하다.

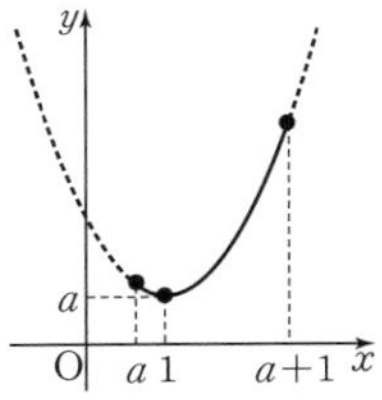

(iii) $a\ge1$일 때,
$x=a$에서 최솟값 a^2-a+1을 가지므로
$a^2-a+1=2$, $a^2-a-1=0$
이를 만족시키는 정수 a는 존재하지 않는다. ……㉯

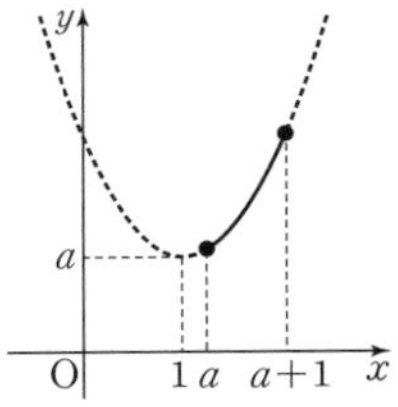

(i), (ii), (iii)에서 주어진 조건을 만족하는 정수 a의 값은 -2이다. ……㉰

채점 기준	배점
㉮ a의 값의 범위를 세 가지 경우로 나누기	3점
㉯ 각각의 해 구하기	3점
㉰ 답 구하기	2점

20○○학년도 1학년 1학기 중간고사(2회)

01 ④	02 ①	03 ①	04 ④	05 ①
06 ②	07 ③	08 ②	09 ①	10 ④
11 ⑤	12 ③	13 ②	14 ③	15 ⑤
16 ⑤	17 ②	18 ③	19 $-i$	
20 $a=\frac{2}{3}$ 또는 $a=6$		21 $a\le 0$	22 -8	23 $4-\sqrt{10}$

01 $3(B-A)+2A-4B$
$=3B-3A+2A-4B=-A-B$
$=-(x^2-2xy+y^2+5)-(-2x^2+5xy+3y^2-1)$
$=-x^2+2xy-y^2-5+2x^2-5xy-3y^2+1$
$=x^2-3xy-4y^2-4$

02 $(x+y+1)(x^2+y^2-xy-x-y-1)$
$=x^3+xy^2-x^2y-x^2-xy-x+x^2y+y^3-xy^2-xy$
$-y^2-y+x^2+y^2-xy-x-y-1$
$=x^3+y^3-3xy-2x-y-1$
xy의 계수는 -3, 상수항은 -1이므로 $a+b=-3-1=-4$

[다른 풀이]
xy의 항은
$x\times(-y)+y\times(-x)+1\times(-xy)=-3xy$
이므로 $a=-3$
상수항은 $1\times(-1)=-1$이므로 $b=-1$
$\therefore a+b=-4$

03 $P(x)=-x^3-4x^2+ax+1$을 $x+2$로 나누었을 때의 나머지는 나머지정리에 의하여 $P(-2)=5$이므로
$P(-2)=8-16-2a+1=5,\ 2a=-12$
$\therefore a=-6$

> **핵심 포인트**
> x에 대한 다항식 $f(x)$를 일차식 $ax+b$로 나누었을 때의 나머지를 R라 하면
> $R=f\left(-\frac{b}{a}\right)$

04 $x^2+4x+m=0$의 한 근이 -5이므로 $x=-5$를 대입하면
$(-5)^2+4\times(-5)+m=0\qquad \therefore m=-5$
즉, 주어진 이차방정식은 $x^2+4x-5=0$이므로
$(x+5)(x-1)=0$
$\therefore x=-5$ 또는 $x=1$
따라서 다른 한 근은 1이다.

05 $x-y=A$로 치환하면
$(x-y)^2-3x+3y-10=(x-y)^2-3(x-y)-10$
$=A^2-3A-10$
$=(A+2)(A-5)$
$=(x-y+2)(x-y-5)$

06 $\sqrt{-8}\sqrt{-2}+\frac{\sqrt{12}}{\sqrt{-3}}=\sqrt{8}i\times\sqrt{2}i+\frac{\sqrt{12}}{\sqrt{3}i}$
$=\sqrt{16}i^2+\frac{\sqrt{4}}{i}=-4-2i$

07 조립제법을 이용하여 x^3-ax^2-x+b를 $x-1$로 나누면 아래와 같다.

1	1	$-a$	-1	b
		1	$-a+1$	$-a$
	1	$-a+1$	$-a$	$-a+b$

주어진 조립제법과 비교하면
$k=1,\ c=1,\ -a+1=3,\ d=-a+1,\ -a=2,\ -a+b=3$
$\therefore a=-2,\ b=1,\ c=1,\ d=3,\ k=1$
따라서 옳지 않은 것은 ③ $b=1$이다.

08 $x^2+y^2+z^2=(x+y+z)^2-2(xy+yz+zx)$
$=8^2-2\times1=62$

> **핵심 포인트**
> $a^2+b^2+c^2=(a+b+c)^2-2(ab+bc+ca)$

09 주어진 등식의 양변에
$x=0$을 대입하면 $2b=0\qquad\therefore b=0$
$x=1$을 대입하면 $-c=-1\qquad\therefore c=1$
$x=2$를 대입하면 $2a=0\qquad\therefore a=0$
$\therefore a+b+c=1$

10 $a^6-b^6=(a^3+b^3)(a^3-b^3)$
$=(a+b)(a^2-ab+b^2)(a-b)(a^2+ab+b^2)$
따라서 a^6-b^6의 인수가 아닌 것은 ④ a^2+ab-b^2이다.

11 이차함수 $y=x^2+2mx+1$의 그래프와 직선 $y=2x-m^2$이 만나지 않으므로 이차방정식 $x^2+2mx+1=2x-m^2$, 즉 $x^2+2(m-1)x+m^2+1=0$의 판별식을 D라 하면
$\frac{D}{4}=(m-1)^2-(m^2+1)<0,\ -2m<0$
$\therefore m>0$

12 $f(x)=x^2-2x-2$
$=(x-1)^2-3$
꼭짓점의 x좌표 1은 $-2\le x\le 3$에 포함되므로
$f(-2)=6,\ f(1)=-3,\ f(3)=1$
$\therefore M=6,\ m=-3$
$\therefore M-m=9$

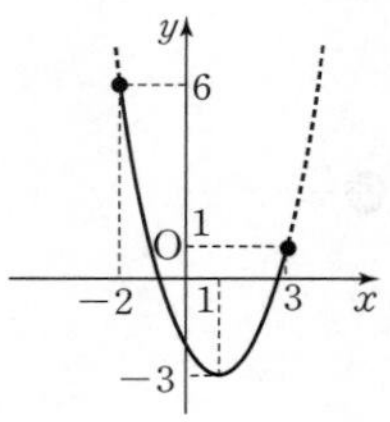

13 $(b+c)a^2-(a+c)b^2-(b-a)c^2=0$에서 a에 대하여 내림차순으로 정리하면
$(b+c)a^2-(b^2-c^2)a-bc(b+c)$
$=(b+c)a^2-(b+c)(b-c)a-bc(b+c)$
$=(b+c)\{a^2-(b-c)a-bc\}$
$=(b+c)(a-b)(a+c)=0$

$b+c>0$, $a+c>0$이므로
$a-b=0$
$\therefore a=b$
따라서 주어진 삼각형은 $a=b$인 이등변삼각형이다.

14 $z=a+bi$ (a, b는 실수)라 하면
$\bar{z}=a-bi$
ㄱ. $z\bar{z}=(a+bi)(a-bi)=a^2+b^2$이므로 실수이다. (참)
ㄴ. [반례] $z=i$라 하면 $i^2=-1$은 실수이지만
$(i+1)^2=2i$는 실수가 아니다. (거짓)
ㄷ. $(z-\bar{z})^{2n}=(a+bi-a+bi)^{2n}$
$=(2bi)^{2n}$
$=(4b^2i^2)^n$
$=(-4b^2)^n$
이므로 실수이다. (참)
따라서 옳은 것은 ㄱ, ㄷ이다.

15 이차방정식 $ax^2+(2a-1)x+(a-2)=0$의 판별식을 D라 하면 이 방정식이 실근을 갖지 않으므로
$D=(2a-1)^2-4a(a-2)<0$
$4a+1<0$
$\therefore a<-\frac{1}{4}$
따라서 ⑤ $-\frac{1}{4}$은 a의 값이 될 수 없다.

16 포물선 $y=x^2-2ax+3a$가 x축과 만나는 두 점의 x좌표를 α, β라 하면 α, β는 이차방정식 $x^2-2ax+3a=0$의 두 근이므로 근과 계수의 관계에 의하여
$\alpha+\beta=2a$, $\alpha\beta=3a$
이때, $\overline{AB}=2\sqrt{10}$이므로
$|\alpha-\beta|=2\sqrt{10}$
$(\alpha-\beta)^2=(\alpha+\beta)^2-4\alpha\beta=4a^2-12a=40$
$a^2-3a-10=0$
$(a+2)(a-5)=0$
$\therefore a=5$ ($\because a>0$)

17 이차방정식 $x^2-x+1=0$의 두 근이 α, β이므로 근과 계수의 관계에 의하여
$\alpha+\beta=1$, $\alpha\beta=1$
한편, 이차방정식 $x^2+ax+b=0$의 두 근이 α^2, β^2이므로 근과 계수의 관계에 의하여
$\alpha^2+\beta^2=(\alpha+\beta)^2-2\alpha\beta=-1$
$\therefore a=1$
$\alpha^2\beta^2=b$, 즉 $(\alpha\beta)^2=b$
$\therefore b=1$
$\therefore a+b=1+1=2$

18 $f(x)$는 x^2의 계수가 1인 이차다항식이므로
$f(x)$를 $x+2$로 나누었을 때의 몫을 $x+k$ (k는 상수)라 하면
$f(x)=(x+2)(x+k)$
$f(x^2)$을 $f(x)$로 나눈 몫을 $Q(x)$라 하면
$f(x^2)=f(x)Q(x)+4x+20$에서
$(x^2+2)(x^2+k)=(x+2)(x+k)Q(x)+4x+20$
이 등식의 양변에 $x=-2$를 대입하면
$6(4+k)=12 \qquad \therefore k=-2$
$\therefore f(x)=(x+2)(x-2)$
$\therefore f(3)=5$

19 $\frac{1}{i}+\frac{1}{i^2}+\frac{1}{i^3}+\frac{1}{i^4}=-i-1+i+1$
$=0$ ……㉮
이므로
$1+\frac{1}{i}+\frac{1}{i^2}+\frac{1}{i^3}+\cdots+\frac{1}{i^{29}}+\frac{1}{i^{30}}$
$=1+\left(\frac{1}{i}+\frac{1}{i^2}+\frac{1}{i^3}+\frac{1}{i^4}\right)+\frac{1}{i^4}\left(\frac{1}{i}+\frac{1}{i^2}+\frac{1}{i^3}+\frac{1}{i^4}\right)+\cdots$
$+\frac{1}{i^{24}}\left(\frac{1}{i}+\frac{1}{i^2}+\frac{1}{i^3}+\frac{1}{i^4}\right)+\frac{1}{i^{29}}+\frac{1}{i^{30}}$
$=1+0+\cdots+0+\frac{1}{i^{29}}+\frac{1}{i^{30}}$
$=1+\frac{1}{i}+\frac{1}{i^2}$
$=1-i-1$
$=-i$ ……㉯

채점 기준	배점
㉮ $-i-1+i+1=0$임을 찾기	3점
㉯ 답 구하기	3점

20 이차방정식 $x^2-(a+2)x+2a=0$의 두 근의 비가 1 : 3이므로 두 근을 α, 3α라 하면 근과 계수의 관계에 의하여 ……㉮
$\alpha+3\alpha=a+2$
$\therefore a=4\alpha-2$ ……㉠
$\alpha\times3\alpha=2a$
$\therefore 3\alpha^2=2a$ ……㉡
㉠을 ㉡에 대입하면
$3\alpha^2=8\alpha-4$ ……㉯
$3\alpha^2-8\alpha+4=0$
$(3\alpha-2)(\alpha-2)=0$
$\therefore \alpha=\frac{2}{3}$ 또는 $\alpha=2$ ……㉢
㉢을 ㉠에 대입하면
$\therefore a=\frac{2}{3}$ 또는 $a=6$ ……㉰

채점 기준	배점
㉮ α, 3α로 놓기	2점
㉯ α에 관한 이차방정식 세우기	2점
㉰ 답 구하기	2점

21 이차함수 $y=x^2-(m-1)x+ma-a^2$이 x축과 만나므로 이차방정식 $x^2-(m-1)x+ma-a^2=0$의 판별식을 D라 하면
$D\geq0$이어야 한다.
$D=(m-1)^2-4(ma-a^2)\geq0$ ……㉮
$m^2-2(1+2a)m+4a^2+1\geq0$ ……㉠

그런데 m의 값에 관계없이 항상 ㉠이 성립하려면
$m^2-2(1+2a)m+4a^2+1=0$의 판별식을 D'이라 하면

$\frac{D'}{4}=(1+2a)^2-(4a^2+1)\le 0$ ……㉯

$4a\le 0$

$\therefore a\le 0$ ……㉰

채점 기준	배점
㉮ $(m-1)^2-4(ma-a^2)\ge 0$ 찾기	2점
㉯ $(1+2a)^2-(4a^2+1)\le 0$ 찾기	2점
㉰ 답 구하기	2점

22 $f(x)=(x-2)(x-5)$

$\quad=x^2-7x+10$

$g(x)=-x(x-5)$

$\quad=-x^2+5x$ ……㉮

$\therefore h(x)=f(x)-g(x)$

$\quad=(x^2-7x+10)-(-x^2+5x)$

$\quad=2x^2-12x+10$

$\quad=2(x^2-6x+9-9)+10$

$\quad=2(x-3)^2-8$ ……㉯

$1\le x\le 4$에서 $y=h(x)$의 그래프는 그림과 같다.

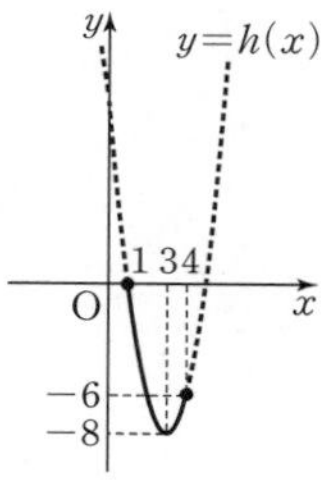

따라서 $x=1$일 때 최댓값 0,
$x=3$일 때 최솟값 -8을 갖는다.

$\therefore$ (최댓값)+(최솟값)

$\quad=0+(-8)$

$\quad=-8$ ……㉰

채점 기준	배점
㉮ $f(x)$, $g(x)$의 식 구하기	3점
㉯ $h(x)$의 식 구하기	2점
㉰ 답 구하기	3점

23 곡선 $y=-x^2+1$과 직선 $y=2x+k$의 두 교점 A, B의 x좌표를 각각 α, β라 하면

$\mathrm{A}(\alpha, 2\alpha+k)$, $\mathrm{B}(\beta, 2\beta+k)$, $\mathrm{A_1}(\alpha, 0)$, $\mathrm{B_1}(\beta, 0)$, $\mathrm{C}\left(-\frac{k}{2}, 0\right)$ ……㉮

α, β는 이차방정식 $-x^2+1=2x+k$, 즉 $x^2+2x+k-1=0$의 두 근이므로 근과 계수의 관계에 의하여

$\alpha+\beta=-2$, $\alpha\beta=k-1$ ……㉠

이때, 삼각형 $\mathrm{ACA_1}$과 삼각형 $\mathrm{BCB_1}$의 넓이를 각각 S_1, S_2라 하면

$S_1=\frac{1}{2}\times\overline{\mathrm{A_1A}}\times\overline{\mathrm{A_1C}}$

$\quad=\frac{1}{2}(-2\alpha-k)\left(-\frac{k}{2}-\alpha\right)=\left(\alpha+\frac{k}{2}\right)^2$

$S_2=\frac{1}{2}\times\overline{\mathrm{B_1B}}\times\overline{\mathrm{B_1C}}$

$\quad=\frac{1}{2}(2\beta+k)\left(\beta+\frac{k}{2}\right)$

$\quad=\left(\beta+\frac{k}{2}\right)^2$

한편, 두 삼각형 $\mathrm{ACA_1}$과 $\mathrm{BCB_1}$의 넓이의 합이 3이므로

$\left(\alpha+\frac{k}{2}\right)^2+\left(\beta+\frac{k}{2}\right)^2=3$ ……㉯

$(\alpha^2+\beta^2)+k(\alpha+\beta)+\frac{k^2}{2}=3$

$2(\alpha^2+\beta^2)+2k(\alpha+\beta)+k^2-6=0$

$2\{(\alpha+\beta)^2-2\alpha\beta\}+2k(\alpha+\beta)+k^2-6=0$

㉠을 대입하면

$k^2-8k+6=0$

$\therefore k=4-\sqrt{10}$ ($\because -2<k<2$) ……㉰

채점 기준	배점
㉮ A, B, $\mathrm{A_1}$, $\mathrm{B_1}$, C의 좌표 잡기	2점
㉯ $\left(\alpha+\frac{k}{2}\right)^2+\left(\beta+\frac{k}{2}\right)^2=3$을 구하기	3점
㉰ 답 구하기	3점

20○○학년도 1학년 1학기 중간고사(3회)

01 ④	02 ②	03 ⑤	04 ①	05 ⑤
06 ②	07 ③	08 ⑤	09 ①	10 ②
11 ④	12 ①	13 ⑤	14 ④	15 ④
16 ①	17 ③	18 ③	19 $\frac{1}{6}$	20 $3x-2$
21 $-\frac{3}{4}$	22 1023	23 9		

01 $4A+2\{2B-C-2(A-C)\}$
$=4A+2(2B-C-2A+2C)$
$=4A+4B-4A+2C$
$=4B+2C$
$=4(x^2+4x-2)+2(x^2-4)$
$=4x^2+16x-8+2x^2-8$
$=6x^2+16x-16$

02 $(x-1)^3(x+1)^3=\{(x-1)(x+1)\}^3=(x^2-1)^3$
$=x^6-3x^4+3x^2-1$
따라서 x^4의 계수 $a=-3$, 상수항 $b=-1$이므로
$a+b=-4$

03 $x^3+y^3=(x+y)^3-3xy(x+y)$
$=4^3-3\times(-5)\times4=124$
$\therefore \frac{x^2}{y}+\frac{y^2}{x}=\frac{x^3+y^3}{xy}=-\frac{124}{5}$

04 $f(x)=x^3-8x-7$로 놓으면 $f(-1)=0$이므로
조립제법을 이용하여 인수분해하면

-1	1	0	-8	-7
		-1	1	7
	1	-1	-7	0

$f(x)=(x+1)(x^2-x-7)$
$\therefore a+b+c=-7$

05 $1005=a$, $5=b$로 치환하면
$\frac{1005^3-125}{1005\times1010+25}=\frac{a^3-b^3}{a(a+b)+b^2}$
$=\frac{(a-b)(a^2+ab+b^2)}{a^2+ab+b^2}$
$=a-b=1000$

핵심 포인트
$a^3-b^3=(a-b)(a^2+ab+b^2)$

06 $z=a+bi$ (a, b는 실수)라 하면 $\overline{z}=a-bi$이므로
$z\overline{z}=i(z-\overline{z})-1$에서
$(a+bi)(a-bi)=i\{(a+bi)-(a-bi)\}-1$
$a^2+b^2=-2b-1$, $a^2+b^2+2b+1=0$
$a^2+(b+1)^2=0$
$\therefore a=0$, $b=-1$
따라서 $z=-i$이므로 $z^2=(-i)^2=-1$

07 $x^2+y^2+z^2+2xy-2yz-2zx$
$=x^2+y^2+z^2+2\times x\times y+2\times y\times(-z)+2\times(-z)\times x$
$=(x+y-z)^2$
따라서 인수인 것은 ③ $x+y-z$이다.

08 겉넓이가 62이므로
$2(xy+yz+zx)=62$ $\therefore xy+yz+zx=31$
모서리의 길이의 합이 40이므로
$4(x+y+z)=40$ $\therefore x+y+z=10$
이때, 삼각형 AEG가 직각삼각형이므로
$\overline{AG}=\sqrt{x^2+y^2+z^2}$
$\therefore x^2+y^2+z^2=(x+y+z)^2-2(xy+yz+zx)$
$=100-62=38$
$\therefore \overline{AG}=\sqrt{38}$ ($\because \overline{AG}>0$)

09 $z=a+bi$에 대하여 z^2이 양의 실수가 되려면 $a\neq0$, $b=0$이고 음의 실수가 되려면 $a=0$, $b\neq0$이어야 한다.
즉, z^2이 음의 실수가 되는 복소수는 순허수이므로
$x^2-4=0$
$\therefore x=-2$ 또는 $x=2$ ······㉠
$x^2-2x\neq0$
$\therefore x\neq0$이고 $x\neq2$ ······㉡
㉠, ㉡을 동시에 만족해야 하므로 $x=-2$

10 이차함수 $y=x^2-4x+a$의 그래프가 x축과 만나므로 이차방정식 $x^2-4x+a=0$의 판별식을 D_1이라 하면
$\frac{D_1}{4}=(-2)^2-a\geq0$
$\therefore a\leq4$ ······㉠
이차함수 $y=x^2+2(a-1)x+a^2$의 그래프가 x축과 만나지 않으므로 이차방정식 $x^2+2(a-1)x+a^2=0$의 판별식을 D_2라 하면
$\frac{D_2}{4}=(a-1)^2-a^2=-2a+1<0$
$\therefore a>\frac{1}{2}$ ······㉡
㉠, ㉡을 동시에 만족시키는 a값의 범위는 $\frac{1}{2}<a\leq4$

11 이차함수 $y=x^2+k$의 그래프가 직선 $y=1-2x$와 서로 다른 두 점에서 만나므로 이차방정식 $x^2+k=1-2x$, 즉
$x^2+2x+k-1=0$의 판별식을 D라 하면
$\frac{D}{4}=1-(k-1)=-k+2>0$
$\therefore k<2$
따라서 정수 k의 최댓값은 1이다.

12 이차함수 $y=x^2+ax+3$의 그래프와 직선 $y=2x+b$의 두 교점의 x좌표가 1, 3이므로 이차방정식 $x^2+ax+3=2x+b$, 즉

$x^2+(a-2)x+3-b=0$의 두 근은 1, 3이다.
근과 계수의 관계에 의하여 $1+3=-(a-2)$, $1\times3=3-b$
따라서 $a=-2$, $b=0$이므로 $2b-a=2$

13 $y=-2t^2+12t+12$
$=-2(t-3)^2+30$
이므로 $t=3$일 때, 공이 최고 높이 30 m에 도달한다.
$\therefore a=3,\ b=30$
$\therefore a+b=33$

14 $f(3x+1)$을 $x+1$로 나누었을 때의 나머지는
$f(-3+1)=f(-2)$
$f(x)$를 $(2x+1)(x+2)$로 나누었을 때의 몫을 $Q(x)$라 하면
$f(x)=(2x+1)(x+2)Q(x)+3x$
$\therefore f(-2)=-6$

15 $x^2-2xy-3y^2-4x+2ay=0$이라 하고 x에 대한 내림차순으로 정리하면 $x^2-2(y+2)x-3y^2+2ay=0$
근의 공식에 의하여 $x=(y+2)\pm\sqrt{\dfrac{D}{4}}$
$\dfrac{D}{4}=(y+2)^2-(-3y^2+2ay)=4y^2+2(2-a)y+4$
이므로 주어진 식이 두 일차식의 곱으로 인수분해되려면 $\dfrac{D}{4}$가 y에 대한 완전제곱식이어야 한다.
즉, y에 대한 이차방정식 $4y^2+2(2-a)y+4=0$의 판별식을 D'이라 하면
$\dfrac{D'}{4}=(2-a)^2-4\times4=0$
$a^2-4a-12=0$, $(a+2)(a-6)=0$
$\therefore a=-2$ 또는 $a=6$
따라서 모든 a의 값의 합은 4이다.

16 이차방정식 $f(x)=0$의 두 근이 α, β이므로 $f(\alpha)=0$, $f(\beta)=0$
이때, 이차방정식 $f(2x-3)=0$의 두 근은
$2x-3=\alpha$ 또는 $2x-3=\beta$
$\therefore x=\dfrac{\alpha+3}{2}$ 또는 $x=\dfrac{\beta+3}{2}$
따라서 이차방정식 $f(2x-3)=0$의 두 근의 곱은
$\dfrac{\alpha+3}{2}\times\dfrac{\beta+3}{2}=\dfrac{\alpha\beta+3(\alpha+\beta)+9}{4}=\dfrac{-12+3\times1+9}{4}=0$

> **핵심 포인트**
> 이차방정식 $f(x)=0$의 두 근이 α, β이면
> 이차방정식 $f(ax+b)=0$의 두 근은
> $x=\dfrac{\alpha-b}{a}$ 또는 $x=\dfrac{\beta-b}{a}$

17 이차방정식 $10x^2-x+1=0$의 두 근이 $\dfrac{1}{\alpha+1}$, $\dfrac{1}{\beta+1}$이므로
근과 계수의 관계에 의하여
$\dfrac{1}{\alpha+1}+\dfrac{1}{\beta+1}=\dfrac{1}{10}$ ……㉠
$\dfrac{1}{\alpha+1}\times\dfrac{1}{\beta+1}=\dfrac{1}{10}$ ……㉡
㉠에서 $\dfrac{\alpha+\beta+2}{(\alpha+1)(\beta+1)}=\dfrac{1}{10}$
$\dfrac{\alpha+\beta+2}{10}=\dfrac{1}{10}$ ($\because$ ㉡)
$\therefore \alpha+\beta=-1$
㉡에서 $\dfrac{1}{\alpha\beta+\alpha+\beta+1}=\dfrac{1}{10}$
$\alpha\beta+\alpha+\beta+1=10$, $\alpha\beta-1+1=10$
$\therefore \alpha\beta=10$
α, β를 두 근으로 하고, 이차항의 계수가 1인 이차방정식은
$x^2+x+10=0$이므로 $a=1$, $b=10$ $\quad\therefore a+b=11$

18 $f(2)=\left(\dfrac{1+i}{\sqrt{2}}\right)^2=\dfrac{2i}{2}=i$
$f(8)=\left(\dfrac{1+i}{\sqrt{2}}\right)^8=\left\{\left(\dfrac{1+i}{\sqrt{2}}\right)^2\right\}^4=i^4=1$
$\therefore f(n+8)=\left(\dfrac{1+i}{\sqrt{2}}\right)^{n+8}=\left(\dfrac{1+i}{\sqrt{2}}\right)^n=f(n)$
$g(2)=\left(\dfrac{1-i}{\sqrt{2}}\right)^2=\dfrac{-2i}{2}=-i$
$g(8)=\left(\dfrac{1-i}{\sqrt{2}}\right)^8=\left\{\left(\dfrac{1-i}{\sqrt{2}}\right)^2\right\}^4=(-i)^4=1$
$\therefore g(n+8)=\left(\dfrac{1-i}{\sqrt{2}}\right)^{n+8}=\left(\dfrac{1-i}{\sqrt{2}}\right)^n=g(n)$
$f(1)f(3)f(5)f(7)$
$=\dfrac{1+i}{\sqrt{2}}\times\left(\dfrac{1+i}{\sqrt{2}}\times i\right)\times\left(\dfrac{1+i}{\sqrt{2}}\times i^2\right)\times\left(\dfrac{1+i}{\sqrt{2}}\times i^3\right)$
$=\dfrac{(1+i)^4}{4}\times i^6=\dfrac{(2i)^2}{4}\times(-1)=1$
$g(2)g(4)g(6)g(8)$
$=(-i)\times(-i)^2\times(-i)^3\times(-i)^4=(-i)^{10}=-1$
$\therefore f(1)g(2)f(3)g(4)f(5)g(6)\cdots f(59)g(60)$
$=\{f(1)g(2)f(3)g(4)f(5)g(6)f(7)g(8)\}^7$
$\times f(57)g(58)f(59)g(60)$
$=\{1\times(-1)\}^7\times f(1)\times g(2)\times f(3)\times g(4)$
$=(-1)\times\dfrac{1+i}{\sqrt{2}}\times(-i)\times\left(\dfrac{1+i}{\sqrt{2}}\times i\right)\times(-i)^2=i$

19 이차방정식 $x^2+x-6=0$에서 근과 계수의 관계에 의하여
$\alpha+\beta=-1$, $\alpha\beta=-6$ ……㉮
$\therefore \dfrac{1}{\alpha}+\dfrac{1}{\beta}=\dfrac{\alpha+\beta}{\alpha\beta}=\dfrac{-1}{-6}=\dfrac{1}{6}$ ……㉯

채점 기준	배점
㉮ $\alpha+\beta$, $\alpha\beta$의 값 구하기	3점
㉯ 답 구하기	3점

20 다항식 $f(x)$를 $(x+1)(x-2)$로 나누었을 때의 몫을 $Q(x)$, 나머지를 $ax+b$ (a, b는 상수)라 하면
$f(x)=(x+1)(x-2)Q(x)+ax+b$ ……㉠
나머지정리에 의하여 $f(-1)=-5$, $f(2)=4$이므로 ……㉮
㉠에 $x=-1$을 대입하면 $f(-1)=-a+b=-5$ ……㉡
㉠에 $x=2$를 대입하면 $f(2)=2a+b=4$ ……㉢
㉡, ㉢을 연립하여 풀면 $a=3$, $b=-2$ ……㉯
따라서 구하는 나머지는 $3x-2$이다. ……㉰

채점 기준	배점
㉮ $f(-1)=-5$, $f(2)=4$ 찾기	2점
㉯ $f(x)$의 식 세우기	2점
㉰ 답 구하기	2점

21 $f(x)=x^2-2ax+a-1=(x-a)^2-a^2+a-1$
이므로 $x=a$일 때, 최솟값 $-a^2+a-1$을 갖는다.
$\therefore g(a)=-a^2+a-1=-\left(a-\frac{1}{2}\right)^2-\frac{3}{4}$ ……㉮
따라서 $g(a)$는 $a=\frac{1}{2}$일 때, 최댓값 $-\frac{3}{4}$을 갖는다. ……㉯

채점 기준	배점
㉮ $g(a)=-a^2+a-1$ 구하기	3점
㉯ 답 구하기	3점

22 주어진 등식의 양변에 $x=1$을 대입하면
$2^{10}=a_{20}+a_{19}+a_{18}+\cdots+a_1+a_0$ ……㉠
$x=-1$을 대입하면
$2^{10}=a_{20}-a_{19}+a_{18}-\cdots-a_1+a_0$ ……㉡ ……㉮
㉠+㉡을 하면
$2\times2^{10}=2(a_{20}+a_{18}+a_{16}+\cdots+a_2+a_0)$
$\therefore a_{20}+a_{18}+a_{16}+\cdots+a_2+a_0=2^{10}$
한편, 주어진 식의 양변에 $x=0$을 대입하면 $a_0=1$ ……㉯
$\therefore a_{20}+a_{18}+a_{16}+\cdots+a_2=2^{10}-1=1023$ ……㉰

채점 기준	배점
㉮ $x=1$, $x=-1$을 대입한 식 구하기	4점
㉯ a_0의 값 구하기	2점
㉰ 답 구하기	2점

23 조건 ㈎에서 $P(1)P(2)=0$이므로 $P(1)=0$ 또는 $P(2)=0$
조건 ㈏에서 $P(x)\{P(x)-3\}$을 $x(x-3)$으로 나누었을 때의 몫을 $q(x)$라 하면 나누어떨어지므로
$P(x)\{P(x)-3\}=x(x-3)q(x)$
위의 식에 $x=0$을 대입하여 정리하면 $P(0)=0$ 또는 $P(0)=3$ ……㉮
또, $x=3$을 대입하여 정리하면 $P(3)=0$ 또는 $P(3)=3$
조건 ㈎에 의하여 다음과 같이 세 가지 경우로 나눌 수 있다. ……㉯

(i) $P(1)=0$, $P(2)=0$인 경우
조건 ㈏에서 $P(x)$는 이차다항식이므로 $P(0)=3$, $P(3)=3$이어야 한다.
따라서 $P(x)=k(x-1)(x-2)$ ($k\neq0$인 상수)로 두면
$P(0)=P(3)=2k=3$이므로 $k=\frac{3}{2}$
$\therefore P(x)=\frac{3}{2}(x-1)(x-2)$ ……㉠

(ii) $P(1)=0$, $P(2)\neq0$인 경우
i) $P(1)=0$, $P(0)=0$, $P(3)=3$일 때,
$P(x)=lx(x-1)$ ($l\neq0$인 상수)로 두면
$P(3)=6l=3$이므로 $l=\frac{1}{2}$
$\therefore P(x)=\frac{1}{2}x(x-1)$ ……㉡
ii) $P(1)=0$, $P(0)=3$, $P(3)=0$일 때,
$P(x)=m(x-1)(x-3)$ ($m\neq0$인 상수)로 두면
$P(0)=3m=3$이므로 $m=1$
$\therefore P(x)=(x-1)(x-3)$ ……㉢

(iii) $P(1)\neq0$, $P(2)=0$인 경우
i) $P(2)=0$, $P(0)=0$, $P(3)=3$일 때,
$P(x)=nx(x-2)$ ($n\neq0$인 상수)로 두면
$P(3)=3n=3$이므로 $n=1$
$\therefore P(x)=x(x-2)$ ……㉣
ii) $P(2)=0$, $P(0)=3$, $P(3)=0$일 때,
$P(x)=r(x-2)(x-3)$ ($r\neq0$인 상수)로 두면
$P(0)=6r=3$이므로 $r=\frac{1}{2}$
$\therefore P(x)=\frac{1}{2}(x-2)(x-3)$ ……㉤
iii) $P(2)=0$, $P(0)=3$, $P(3)=3$일 때,
$P(x)=(x-2)(cx+d)$ (c, d는 상수, $c\neq0$)로 두면
$P(0)=-2d=3$, $P(3)=3c+d=3$에서
$c=\frac{3}{2}$, $d=-\frac{3}{2}$
$\therefore P(x)=(x-2)\left(\frac{3}{2}x-\frac{3}{2}\right)=\frac{3}{2}(x-1)(x-2)$
그런데 $P(1)=0$이므로 모순이다.

그러므로 (i), (ii), (iii)의 ㉠, ㉡, ㉢, ㉣, ㉤에서
$$Q(x)=\frac{3}{2}(x-1)(x-2)+\frac{1}{2}x(x-1)+(x-1)(x-3)+x(x-2)+\frac{1}{2}(x-2)(x-3)$$
따라서 $Q(x)$를 $x-3$으로 나눈 나머지는
$Q(3)=9$ ……㉰

채점 기준	배점
㉮ $P(0)=0$ 또는 $P(0)=3$임을 찾기	2점
㉯ $P(1)=0$ 또는 $P(2)=0$의 세 가지 경우 찾기	2점
㉰ 답 구하기	4점

20○○학년도 1학년 1학기 중간고사(4회)

01 ②	02 ④	03 ①	04 ②	05 ③
06 ①	07 ⑤	08 ③	09 ④	10 ②
11 ⑤	12 ⑤	13 ①	14 ③	15 ⑤
16 ②	17 ④	18 ④	19 8	20 19
21 −8	22 13	23 47		

01 $X-2B=A$에서

$X=A+2B$

$=(x^3+2x-1)+2(x^2-x+2)$

$=x^3+2x-1+2x^2-2x+4$

$=x^3+2x^2+3$

02 $a^3+b^3=(a+b)^3-3ab(a+b)$

$=3^3-3\times(-1)\times3$

$=36$

03 $a(x-2y+2)+b(2x+y-3)=x-7y+c$에서

$(a+2b)x+(-2a+b)y+(2a-3b)=x-7y+c$

이 식은 x, y에 대한 항등식이므로

$a+2b=1,\ -2a+b=-7,\ 2a-3b=c$

위의 세 식을 연립하여 풀면

$a=3,\ b=-1,\ c=9$

$\therefore a+b+c=11$

04 $f(x)$가 $x-1$을 인수로 가지므로 인수정리에 의해

$f(1)=1-3+4+a=0$

$\therefore a=-2$

즉, $f(x)=x^3-3x^2+4x-2$이므로

조립제법을 이용하여 인수분해하면

$$\begin{array}{r|rrrr} 1 & 1 & -3 & 4 & -2 \\ & & 1 & -2 & 2 \\ \hline & 1 & -2 & 2 & 0 \end{array}$$

$\therefore f(x)=(x-1)(x^2-2x+2)$

따라서 인수인 것은 ② x^2-2x+2이다.

05 $z=\dfrac{1-i}{1+i}=\dfrac{(1-i)^2}{(1+i)(1-i)}$

$=\dfrac{1-2i+i^2}{1-i^2}=\dfrac{-2i}{2}$

$=-i$

$\therefore z+z^2+z^3+\cdots+z^{30}$

$=-i+(-i)^2+(-i)^3+\cdots+(-i)^{30}$

$=(-i+i^2-i^3+i^4)+(-i^5+i^6-i^7+i^8)+\cdots+(-i^{29}+i^{30})$

$=(-i-1+i+1)+(-i-1+i+1)+\cdots+(-i-1)$

$=-1-i$

06 ① $a<0,\ b<0$일 때, $\sqrt{a}\sqrt{b}=-\sqrt{ab}$이다.

② $a<0,\ b<0$일 때, $\dfrac{\sqrt{b}}{\sqrt{a}}=\sqrt{\dfrac{b}{a}}$이다.

③ $-a>0,\ -b>0$이므로 $\sqrt{-a}\sqrt{-b}=\sqrt{ab}$

④ $a<0$일 때, $\sqrt{a^2}=|a|=-a$이므로

$\sqrt{a^2b}=\sqrt{a^2}\sqrt{b}=-a\sqrt{b}$

⑤ $b<0$일 때, $\sqrt{b^2}=|b|=-b$이므로

$\sqrt{ab^2}=\sqrt{a}\sqrt{b^2}=-b\sqrt{a}$

> **핵심 포인트**
>
> 음수의 제곱근의 성질
>
> (1) $a<0,\ b<0$일 때, $\sqrt{a}\sqrt{b}=-\sqrt{ab}$
>
> 그 외의 경우에는 $\sqrt{a}\sqrt{b}=\sqrt{ab}$
>
> (2) $a>0,\ b<0$일 때, $\dfrac{\sqrt{a}}{\sqrt{b}}=-\sqrt{\dfrac{a}{b}}$
>
> 그 외의 경우에는 $\dfrac{\sqrt{a}}{\sqrt{b}}=\sqrt{\dfrac{a}{b}}$

07 $a^2+b^2+c^2=(a+b+c)^2-2(ab+bc+ca)=4+8=12$

$(a+b+c)(a^2+b^2+c^2-ab-bc-ca)=a^3+b^3+c^3-3abc$

에서 $2(12+4)=26-3abc$

$\therefore abc=-2$

08 $x^2+x=X$로 치환하면

$(x^2+x)(x^2+x-4)+3=X(X-4)+3$

$=X^2-4X+3$

$=(X-1)(X-3)$

$=(x^2+x-1)(x^2+x-3)$

따라서 $a=1,\ b=-1$이므로

$a+b=0$

[다른 풀이]

$(x^2+x)(x^2+x-4)+3=(x^2+ax+b)(x^2+x-3)$

은 x에 대한 항등식이므로 양변에

$x=0$을 대입하면 $3=-3b$

$\therefore b=-1$

$x=1$을 대입하면 $-1=-(1+a+b)$

이 식에 $b=-1$을 대입하면 $a=1$

$\therefore a+b=0$

09 $(x-y)+(x+y)i=\overline{7+i}=7-i$

복소수가 서로 같을 조건에 의하여

$x-y=7$ …… ㉠

$x+y=-1$ …… ㉡

㉠, ㉡을 연립하여 풀면

$x=3,\ y=-4$

$\therefore xy=-12$

10 이차방정식 $x^2+2(2m+1)x+4m^2-2m+3=0$의 판별식을 D라 하면 이 이차방정식이 중근을 가지므로 $D=0$이다.

$\dfrac{D}{4}=(2m+1)^2-(4m^2-2m+3)$

$=0$

$6m-2=0 \quad \therefore m=\frac{1}{3}$

11 $y=x^2-2x+a=(x-1)^2+a-1$에서

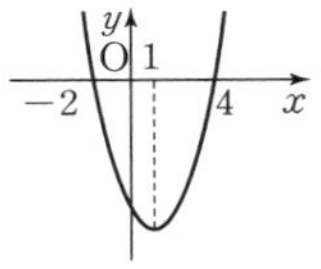

축의 방정식은 $x=1$이고, x축과의 두 교점 사이의 거리가 6이므로 이 두 점의 좌표는 각각 $(-2, 0)$, $(4, 0)$이다.

따라서 이차방정식 $x^2-2x+a=0$의 두 근은 -2, 4이므로 근과 계수의 관계에 의하여

$a=(-2)\times 4=-8$

12 $y=-x^2+6x-5$

$=-(x-3)^2+4$

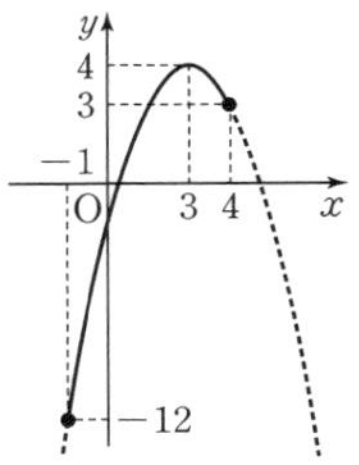

이므로 $-1\le x\le 4$에서 이차함수 $y=-x^2+6x-5$의 그래프는 그림과 같다.

이때, 꼭짓점의 x좌표 3이 $-1\le x\le 4$에 포함되므로

$x=-1$일 때, $y=-12$

$x=3$일 때, $y=4$

$x=4$일 때, $y=3$

따라서 최댓값은 4, 최솟값은 -12이므로

$M+m=4+(-12)=-8$

13 두 다항식 $(1-x+x^2)^2$, $(1-x+x^2+x^3)^2$ 모두 $1-x+x^2$을 포함하고 있으므로

$1-x+x^2=A$로 놓으면

$(1-x+x^2+x^3)^2=(A+x^3)^2$

$=A^2+2Ax^3+(x^3)^2$

$=A^2+(2A+x^3)x^3$

$(2A+x^3)x^3$은 3차 이상의 항뿐이므로 주어진 두 다항식의 x^2의 계수는 같다.

$\therefore a-b=0$

14 주어진 이차방정식의 두 근이 α, β이므로

$2\alpha^2+(4k+3)\alpha+8=0$, $2\beta^2+(4k+3)\beta+8=0$에서

$\alpha^2+2k\alpha=\frac{-3\alpha-8}{2}$, $\beta^2+2k\beta=\frac{-3\beta-8}{2}$

근과 계수의 관계에서 두 근의 곱 $\alpha\beta=4$이므로

$(\alpha^2+2k\alpha+4)(\beta^2+2k\beta+4)=\frac{9}{4}\alpha\beta=9$

15 $z_1=a+bi$, $z_2=c+di$ (a, b, c, d는 실수)로 놓으면

$\overline{z_1}=a-bi$, $\overline{z_2}=c-di$

ㄱ. $z_1=\overline{z_2}$에서 $a+bi=c-di$이므로

$a=c$, $b=-d$ ……㉠

$z_2=c+di$에 ㉠을 대입하면

$z_2=a-bi=\overline{z_1}$ (참)

ㄴ. ㄱ에서 $z_1=\overline{z_2}$이면 $a=c$, $b=-d$이므로

$z_1+z_2=(a+c)+(b+d)i=2a$ (참)

ㄷ. $z_1z_2=(a+bi)(c+di)=(a+bi)(a-bi)=a^2+b^2=0$

이면 $a=b=0$이므로 $z_1=0$ (참)

따라서 ㄱ, ㄴ, ㄷ 모두 옳다.

16 직선 $y=x+m$이 이차함수 $y=x^2-x-3$의 그래프와 서로 다른 두 점에서 만나므로 이차방정식 $x+m=x^2-x-3$, 즉 $x^2-2x-3-m=0$의 판별식을 D_1이라 하면

$\frac{D_1}{4}=1-(-3-m)>0 \quad \therefore m>-4$ ……㉠

또 직선 $y=x+m$이 이차함수 $y=x^2+3x+1$의 그래프와 만나지 않으므로 이차방정식 $x+m=x^2+3x+1$,

즉 $x^2+2x+1-m=0$의 판별식을 D_2라 하면

$\frac{D_2}{4}=1-(1-m)<0 \quad \therefore m<0$ ……㉡

㉠, ㉡에서 $-4<m<0$

$\therefore a+b=-4+0=-4$

핵심 포인트

이차함수의 그래프와 직선의 위치 관계

이차함수의 식과 직선의 식을 연립한 이차방정식의 판별식을 D라 할 때,

(1) $D>0$이면 서로 다른 두 점에서 만난다.

(2) $D=0$이면 한 점에서 만난다. (접한다.)

(3) $D<0$이면 만나지 않는다.

17 $-x^2+3x-2=0$에서

$x^2-3x+2=0$, $(x-1)(x-2)=0$

$\therefore x=1$ 또는 $x=2$

즉, $A(1, 0)$, $B(2, 0)$

y절편이 -2이므로 $C(0, -2)$

$-2=-x^2+3x-2$, $x^2-3x=0$

$x(x-3)=0$

$\therefore x=0$ 또는 $x=3$

$\therefore D(3, -2)$

따라서 사다리꼴 ACDB의 넓이는

$\frac{1}{2}\times(1+3)\times 2=4$

18 이차방정식 $\{n+\sqrt{n(n-1)}\}x^2-\sqrt{n}x-\sqrt{n}=0$의 두 근이 α_n, β_n이므로 근과 계수의 관계에 의하여

$\alpha_n+\beta_n=\frac{\sqrt{n}}{n+\sqrt{n(n-1)}}=\frac{1}{\sqrt{n}+\sqrt{n-1}}$

$=\sqrt{n}-\sqrt{n-1}$

이때, $n=1, 2, 3, \cdots, 16$을 대입하면

$\alpha_1+\beta_1=\sqrt{1}-\sqrt{0}$

$\alpha_2+\beta_2=\sqrt{2}-\sqrt{1}$

$\alpha_3+\beta_3=\sqrt{3}-\sqrt{2}$

$\vdots$

$\alpha_{16}+\beta_{16}=\sqrt{16}-\sqrt{15}$

$\therefore$ (주어진 식) $=(\alpha_1+\beta_1)+(\alpha_2+\beta_2)+\cdots+(\alpha_{16}+\beta_{16})$

$=(\sqrt{1}-\sqrt{0})+(\sqrt{2}-\sqrt{1})+\cdots+(\sqrt{16}-\sqrt{15})$

$=\sqrt{16}=4$

19 $f(x)=x^4+ax^3+bx^2-5$라 하면 나머지정리에 의해

$f(1)=2$, $f(-1)=-6$이므로

$1+a+b-5=2$, $1-a+b-5=-6$

$\therefore a+b=6$, $a-b=2$ ……㉮, ㉯

두 식을 연립하여 풀면 $a=4$, $b=2$

$\therefore ab=8$ ……㉰

채점 기준	배점
㉮ $a+b=6$ 구하기	2점
㉯ $a-b=2$ 구하기	2점
㉰ 답 구하기	2점

20 계수가 실수인 이차방정식이므로 다른 한 근은 $3-2i$이다. ……㉮

따라서 근과 계수의 관계에 의하여

$a=(3+2i)+(3-2i)=6$

$b=(3+2i)(3-2i)$

$=9+4=13$

$\therefore a+b=19$ ……㉯

채점 기준	배점
㉮ 다른 한 근 $3-2i$ 구하기	2점
㉯ 답 구하기	4점

21 $f(3)=4a+b=4$ ……㉠ ……㉮

$x^2-4x+7=t$로 놓으면

$t=(x-2)^2+3\geq 3$

$f(x)=g(t)=at^2-4a(t-1)+b$

$=a(t-2)^2+b$ $(t\geq 3)$

$g(t)$가 최댓값을 가지므로 $a<0$이고 $t\geq 3$이므로 $t=3$일 때 최대가 된다.

$g(3)=a+b=7$ ……㉡ ……㉯

㉠, ㉡을 연립하여 풀면 $a=-1$, $b=8$

$\therefore ab=-8$ ……㉰

채점 기준	배점
㉮ $4a+b=4$ 구하기	2점
㉯ $a+b=7$ 구하기	2점
㉰ 답 구하기	2점

22 $f(x)$를 $(x^2+1)(x-1)$로 나누었을 때의 몫을 $Q(x)$라 하고 나머지를 $R(x)=ax^2+bx+c$ (a, b, c는 상수)로 놓으면

$f(x)=(x^2+1)(x-1)Q(x)+ax^2+bx+c$ ……㉮

$f(x)$를 x^2+1로 나눈 나머지가 $x+1$이므로

ax^2+bx+c를 x^2+1로 나눈 나머지도 $x+1$이다. 즉,

$f(x)=(x^2+1)(x-1)Q(x)+a(x^2+1)+x+1$

한편, $f(x)$를 $x-1$로 나눌 때의 나머지가 6이므로

$f(1)=2a+2=6$ $\therefore a=2$

따라서 $R(x)=2(x^2+1)+x+1=2x^2+x+3$이므로 ……㉯

$R(2)=8+2+3=13$ ……㉰

채점 기준	배점
㉮ $f(x)=(x^2+1)(x-1)Q(x)+ax^2+bx+c$로 놓기	2점
㉯ $R(x)$ 구하기	4점
㉰ 답 구하기	2점

23 이차방정식 $f(x)=0$의 이차항의 계수가 1이고 두 근의 곱이 7이므로 $f(x)=x^2+kx+7$ (단, k는 실수)이라 하자. ……㉮

조건 (나)에서 이차방정식 $x^2-3x+1=0$의 두 근이 α, β이므로 근과 계수의 관계에 의해

$\alpha+\beta=3$, $\alpha\beta=1$ ……㉠

한편, $f(\alpha)+f(\beta)=3$에서

$(\alpha^2+k\alpha+7)+(\beta^2+k\beta+7)=3$

$(\alpha^2+\beta^2)+k(\alpha+\beta)+14=3$

$(\alpha+\beta)^2-2\alpha\beta+k(\alpha+\beta)+14=3$

$9-2+3k+14=3$ ($\because$ ㉠)

$\therefore k=-6$ ……㉯

따라서 $f(x)=x^2-6x+7$이므로

$f(10)=100-60+7=47$ ……㉰

채점 기준	배점
㉮ $f(x)=x^2+kx+7$ 구하기	3점
㉯ k의 값 구하기	3점
㉰ 답 구하기	2점

20○○학년도 1학년 1학기 중간고사(5회)

01 ③	02 ③	03 ①	04 ⑤	05 ④
06 ②	07 ②	08 ⑤	09 ⑤	10 ①
11 ④	12 ②	13 ②	14 ①	15 ④
16 ③	17 ⑤	18 ①	19 10	20 8
21 −2	22 239	23 최댓값: 30, 최솟값: $\frac{15}{8}$		

01 $2(X+A)=B$에서

$X=-A+\frac{1}{2}B$

$=-(x^2-xy+y^2)+\frac{1}{2}(4x^2-6xy+2y^2)$

$=-x^2+xy-y^2+2x^2-3xy+y^2$

$=x^2-2xy$

02 $x^4+ax^2+b=(x+2)(x^2-3)f(x)$가 x에 대한 항등식이므로

양변에 $x=-2$를 대입하면 $16+4a+b=0$ ······ ㉠

양변에 $x^2=3$을 대입하면 $9+3a+b=0$ ······ ㉡

㉠, ㉡을 연립하여 풀면

$a=-7$, $b=12$

$\therefore ab=-84$

03 $\frac{z-1}{z}+\frac{\bar{z}-1}{\bar{z}}=\frac{z\bar{z}-\bar{z}+z\bar{z}-z}{z\bar{z}}=2-\frac{z+\bar{z}}{z\bar{z}}$

이때, $z=1+i$, $\bar{z}=1-i$이므로

$z+\bar{z}=2$, $z\bar{z}=2$

$\therefore \frac{z-1}{z}+\frac{\bar{z}-1}{\bar{z}}=2-\frac{z+\bar{z}}{z\bar{z}}=2-1=1$

04 $\frac{\sqrt{a}}{\sqrt{b}}=-\sqrt{\frac{a}{b}}$ 이므로

$a>0$, $b<0$ $\quad\therefore a-b>0$

$\therefore \sqrt{(a-b)^2}-2|a|+\sqrt{b^2}=|a-b|-2|a|+|b|$

$=a-b-2a-b$

$=-a-2b$

05 이차방정식 $x^2+(3-2k)x+k^2=0$의 판별식을 D라 할 때, 이 방정식이 허근을 가지려면

$D=(3-2k)^2-4k^2<0$

$9-12k<0$ $\quad\therefore k>\frac{3}{4}$

$\therefore a=\frac{3}{4}$

06 이차방정식 $x^2-2kx+k+5=0$의 판별식을 D라 하면

$\frac{D}{4}=k^2-(k+5)=k^2-k-5=0$

이차방정식 $k^2-k-5=0$의 두 근을 k_1, k_2라 하면

근과 계수의 관계에 의하여 $k_1+k_2=1$

따라서 모든 k의 값의 합은 1이다.

07 직육면체의 모든 모서리의 길이의 합이 20이므로

$4(a+b+c)=20$ $\quad\therefore a+b+c=5$

직육면체의 겉넓이가 16이므로

$2(ab+bc+ca)=16$ $\quad\therefore ab+bc+ca=8$

$\therefore a^2+b^2+c^2=(a+b+c)^2-2(ab+bc+ca)$

$=5^2-2\times8=9$

08 $(x+1)(x+2)(x+3)(x+4)-24$

$=\{(x+1)(x+4)\}\{(x+2)(x+3)\}-24$

$=(x^2+5x+4)(x^2+5x+6)-24$

$x^2+5x=A$로 놓으면

(주어진 식)$=(A+4)(A+6)-24$

$=A^2+10A=A(A+10)$

$=(x^2+5x)(x^2+5x+10)$

$=x(x+5)(x^2+5x+10)$

따라서 $a=5$, $b=10$이므로

$a+b=5+10=15$

> **핵심 포인트**
> $(x+a)(x+b)(x+c)(x+d)$의 꼴이 있으면
> ➡ 공통부분이 생기도록 짝을 지어 전개한 후 치환하여 인수분해한다.

09 주어진 식을 c에 대하여 내림차순으로 정리하면

$a^3-a^2b+ab^2+ac^2-b^3-bc^2$

$=(a-b)c^2+a^3-a^2b+ab^2-b^3$

$=(a-b)c^2+a^2(a-b)+b^2(a-b)$

$=(a-b)(a^2+b^2+c^2)$

따라서 인수인 것은 ⑤ $a^2+b^2+c^2$이다.

10 주어진 이차함수가 $x=3$일 때 최솟값 -4를 가지므로

$y=ax^2+bx+c=a(x-3)^2-4$ $(a>0)$

이 이차함수의 그래프가 점 $(1, 4)$를 지나므로

$4=a(1-3)^2-4$

$8=4a$ $\quad\therefore a=2$

$\therefore y=2(x-3)^2-4=2x^2-12x+14$

$\therefore c=14$

11 갑은 a, c를 바르게 보고 풀었으므로 두 근의 곱은

$\frac{c}{a}=(-3)\times4=-12$

$\therefore c=-12a$ ······ ㉠

을은 a, b를 바르게 보고 풀었으므로 두 근의 합은

$-\frac{b}{a}=(2+\sqrt{5})+(2-\sqrt{5})=4$

$\therefore b=-4a$ ······ ㉡

㉠, ㉡을 $ax^2+bx+c=0$에 대입하면

$ax^2-4ax-12a=0$

이때, $a\neq0$이므로 위의 식의 양변을 a로 나누면

$x^2-4x-12=0$, $(x+2)(x-6)=0$

$\therefore x=-2$ 또는 $x=6$

따라서 양수인 근은 6이다.

12 $x^2-1=ax+b$에서 $x^2-ax-1-b=0$
이 이차방정식의 계수가 모두 유리수이므로 한 근이 $1+\sqrt{3}$이면 다른 한 근은 $1-\sqrt{3}$이다.
따라서 근과 계수의 관계에 의하여
$(1+\sqrt{3})+(1-\sqrt{3})=a$, $(1+\sqrt{3})(1-\sqrt{3})=-1-b$
이므로 $a=2$, $-2=-1-b$이다.
$\therefore a=2, b=1$
$\therefore ab=2$

> **핵심 포인트**
>
> 이차방정식의 켤레근
> (1) 계수가 유리수인 이차방정식의 한 근이 $a+b\sqrt{m}$이면 다른 한 근은 $a-b\sqrt{m}$이다.
> (단, a, b는 유리수, $b\neq0$, $\sqrt{m}$은 무리수)
> (2) 계수가 실수인 이차방정식의 한 근이 $a+bi$이면 다른 한 근은 $a-bi$이다. (단, a, b는 실수, $b\neq0$, $i=\sqrt{-1}$)

13

1	1	a	3	$-b$
		1	$a+1$	$a+4$
1	1	$a+1$	$a+4$	$a-b+4$
		1	$a+2$	
	1	$a+2$	$2a+6$	

x^3+ax^2+3x-b가 $(x-1)^2$으로 나누어떨어지므로
$a-b+4=0$, $2a+6=0$
$\therefore a=-3, b=1$
$\therefore ab=-3$

14 $f(x)-1$을 $(x-2)(x-3)$으로 나누었을 때의 몫을 $Q(x)$라 하면
$f(x)-1=(x-2)(x-3)Q(x)$
$\therefore f(x)=(x-2)(x-3)Q(x)+1$
따라서 $f(x+3)=x(x+1)Q(x+3)+1$이므로 $f(x+3)$을 $x(x+1)$로 나눈 나머지는 1이다.

15 직사각형 모양의 울타리의 가로의 길이를 xm, 세로의 길이를 ym라 하면
$x+2y=16$
$\therefore x=16-2y$
그런데 $x>0$, $y>0$이므로
$16-2y>0$ $\quad\therefore 0<y<8$
울타리 안의 넓이를 $S\text{m}^2$라 하면
$S=xy=(16-2y)y$
$=-2y^2+16y$
$=-2(y-4)^2+32$
이때, $0<y<8$이므로 $y=4$일 때, 최댓값 32를 갖는다.

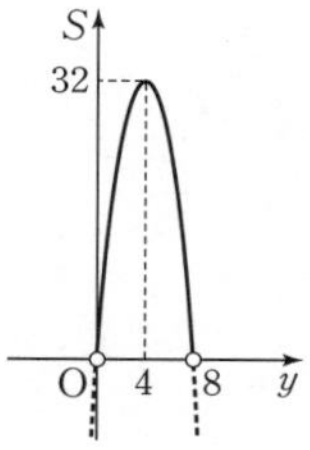

따라서 울타리 안의 넓이의 최댓값은 32m^2이다.

16 주어진 식을 a에 대하여 정리하면
$x^2+ax-2a-13-y=0$에서
$(x-2)a+(x^2-y-13)=0$
이 식이 a의 값에 관계없이 성립하려면
$x-2=0$, $x^2-y-13=0$
$\therefore x=2, y=-9$
따라서 점 P의 좌표는 $(2, -9)$이고,
이 점이 주어진 이차함수의 꼭짓점이므로
$y=x^2+ax-2a-13$
$=(x-2)^2-9$
$=x^2-4x-5$
$\therefore a=-4$
$x^2-4x-5=0$에서 $(x+1)(x-5)=0$
$\therefore x=-1$ 또는 $x=5$
즉, 이차함수 $y=f(x)$의 그래프가 x축과 만나는 두 점의 좌표는 $(-1, 0)$, $(5, 0)$
따라서 두 점 사이의 거리는
$|5-(-1)|=6$

[다른 풀이]
이차함수 $y=f(x)$의 그래프가 x축과 만나는 두 점의 x좌표를 α, β라 하면 α, β는 이차방정식 $x^2-4x-5=0$의 두 근이므로 근과 계수의 관계에 의하여
$\alpha+\beta=4$, $\alpha\beta=-5$
$(\alpha-\beta)^2=(\alpha+\beta)^2-4\alpha\beta$
$=4^2-4\times(-5)=36$
따라서 두 점 사이의 거리는
$|\alpha-\beta|=6$

17 $z=a+bi$에 대하여 $iz=i(a+bi)=-b+ai$, $\bar{z}=a-bi$이고 $iz=\bar{z}$이므로 $a=-b$이다.
$\therefore z=a-ai$
ㄱ. $z-\bar{z}=(a-ai)-(a+ai)=-2ai$ (참)
ㄴ. $iz=\bar{z}$의 양변에 i를 곱하면 $i\bar{z}=-z$이다. (참)
ㄷ. $iz=\bar{z}$이므로 $\dfrac{\bar{z}}{z}=i$이고 $i\bar{z}=-z$이므로 $\dfrac{z}{\bar{z}}=-i$
따라서 $\dfrac{\bar{z}}{z}+\dfrac{z}{\bar{z}}=0$이다. (참)
따라서 ㄱ, ㄴ, ㄷ 모두 옳다.

[다른 풀이 1]
ㄴ. $i\bar{z}=i(a+ai)=ai-a=-(a-ai)=-z$
ㄷ. $\dfrac{\bar{z}}{z}+\dfrac{z}{\bar{z}}=\dfrac{a+ai}{a-ai}+\dfrac{a-ai}{a+ai}=\dfrac{(a+ai)^2+(a-ai)^2}{(a-ai)(a+ai)}=0$

[다른 풀이 2]
ㄷ. $iz=\bar{z}$의 양변을 제곱하면 $z^2+(\bar{z})^2=0$이고
$z\bar{z}=2a^2\neq0$이므로 $\dfrac{\bar{z}}{z}+\dfrac{z}{\bar{z}}=\dfrac{z^2+(\bar{z})^2}{z\bar{z}}=0$

18 $x^2-ax+b=0$의 두 근이 α, β이므로 근과 계수의 관계에 의하여
$\alpha+\beta=a$, $\alpha\beta=b$ ······㉠
$x^2+bx+a=0$의 두 근이 $\alpha-1$, $\beta-1$이므로 근과 계수의 관계에 의하여
$(\alpha-1)+(\beta-1)=-b$, $(\alpha-1)(\beta-1)=a$
$\alpha+\beta-2=-b$, $\alpha\beta-(\alpha+\beta)+1=a$ ······㉡
㉠을 ㉡에 대입하면

$a-2=-b,\ b-a+1=a$
$a+b=2,\ -2a+b=-1$
위의 두 식을 연립하여 풀면 $a=1,\ b=1$
따라서 $\alpha,\ \beta$는 방정식 $x^2-x+1=0$의 근이므로
$\alpha+\beta=1,\ \alpha\beta=1$
$\therefore \alpha^2+\alpha\beta+\beta^2=(\alpha+\beta)^2-\alpha\beta$
$=1-1=0$

19 $x^3+y^3=(x+y)^3-3xy(x+y)$에서
$28=4^3-3xy\times4,\ 12xy=36$
$\therefore xy=3$ ……㉮
$\therefore x^2+y^2=(x+y)^2-2xy$
$=4^2-2\times3=10$ ……㉯

채점 기준	배점
㉮ $xy=3$ 구하기	3점
㉯ 답 구하기	3점

20 $\dfrac{2i}{1-i}=\dfrac{2i(1+i)}{(1-i)(1+i)}=\dfrac{2(i-1)}{2}=-1+i$
$x^2+ax+b=0$의 계수가 모두 실수이고 한 근이 $-1+i$이므로
다른 한 근은 $-1-i$이다. ……㉮
따라서 근과 계수의 관계에 의하여
$(-1+i)+(-1-i)=-a \quad \therefore a=2$
$(-1+i)(-1-i)=b \quad \therefore b=2$ ……㉯
$\therefore a^2+b^2=4+4=8$ ……㉰

채점 기준	배점
㉮ 다른 한 근 $-1-i$ 구하기	2점
㉯ $a,\ b$의 값 구하기	2점
㉰ 답 구하기	2점

21 $(x+1)f(x)$를 $x-2$로 나눈 나머지가 6이므로
$3f(2)=6 \quad \therefore f(2)=2$ ……㉮
$f(2)=4+2a+b=2$에서
$2a+b=-2$ ……㉠
$(x-2)f(x)$를 $x+1$로 나눈 나머지가 3이므로
$-3f(-1)=3 \quad \therefore f(-1)=-1$ ……㉯
$f(-1)=1-a+b=-1$에서
$a-b=2$ ……㉡
㉠, ㉡을 연립하여 풀면 $a=0,\ b=-2$
$\therefore a+b=-2$ ……㉰

채점 기준	배점
㉮ $f(2)=2$ 구하기	2점
㉯ $f(-1)=-1$ 구하기	2점
㉰ 답 구하기	2점

22 $14=x$로 치환하면
$14\times15\times16\times17+1=x(x+1)(x+2)(x+3)+1$
$=\{x(x+3)\}\{(x+1)(x+2)\}+1$
$=(x^2+3x)(x^2+3x+2)+1$ ……㉮
$x^2+3x=X$로 치환하면
$X(X+2)+1=X^2+2X+1$
$=(X+1)^2$
$=(x^2+3x+1)^2$
$=(196+42+1)^2$
$=239^2$ ……㉯
$\therefore \sqrt{14\times15\times16\times17+1}=\sqrt{239^2}=239$ ……㉰

채점 기준	배점
㉮ 식 $x(x+1)(x+2)(x+3)+1$ 세우기	2점
㉯ $(X+1)^2$ 꼴 임을 구하기	3점
㉰ 답 구하기	3점

23 $f(x)=ax^2+bx+c\ (a\neq0)$라 하면 ……㉮
$f(x+1)-f(x)$
$=a(x+1)^2+b(x+1)+c-(ax^2+bx+c)$
$=2ax+a+b$
즉, $2ax+a+b=4x-1$이므로
$2a=4,\ a+b=-1$
$\therefore a=2,\ b=-3$
또 $f(0)=c=3$이므로
$f(x)=2x^2-3x+3=2\left(x-\dfrac{3}{4}\right)^2+\dfrac{15}{8}$ ……㉯
$-3\le x\le1$에서 $f(-3)=30,\ f(1)=2$이므로
$x=-3$일 때, 최댓값은 30
$x=\dfrac{3}{4}$일 때, 최솟값은 $\dfrac{15}{8}$ ……㉰

채점 기준	배점
㉮ $f(x)=ax^2+bx+c$로 놓기	2점
㉯ $f(x)$ 구하기	3점
㉰ 답 구하기	3점

20○○학년도 1학년 1학기 중간고사(6회)

01 ④	02 ①	03 ③	04 ③	05 ②
06 ⑤	07 ⑤	08 ④	09 ④	10 ②
11 ①	12 ①	13 ②	14 ②	15 ③
16 ⑤	17 ③	18 ④	19 2	20 -5
21 -7	22 47	23 $\frac{5}{3}$		

01 $A-2(X-B)=4B$에서 $A-2X+2B=4B$

$\therefore X=\frac{1}{2}A-B$

$=\frac{1}{2}(2x^2-4xy-2y^2)-(3x^2+xy+2y^2)$

$=x^2-2xy-y^2-3x^2-xy-2y^2$

$=-2x^2-3xy-3y^2$

02 $(1+i)x+(1-i)y=3+7i$에서

$(x+y-3)+(x-y-7)i=0$

복소수가 서로 같을 조건에 의하여

$x+y-3=0,\ x-y-7=0$

$\therefore x+y=3,\ x-y=7$

$\therefore x^2-y^2=(x+y)(x-y)=3\times7=21$

> **핵심 포인트**
>
> 복소수가 서로 같을 조건
>
> a, b, c, d가 실수일 때,
>
> (1) $a+bi=c+di$이면 $a=c,\ b=d$
>
> (2) $a+bi=0$이면 $a=0,\ b=0$

03 $x^3-64=x^3-4^3=(x-4)(x^2+4x+16)$

$\therefore a=-4,\ b=4,\ c=16$

$\therefore a+b+c=16$

04 주어진 식을 x에 대하여 내림차순으로 정리하면

$3x^2+4xy+y^2-x+y-2$

$=3x^2+(4y-1)x+(y^2+y-2)$

$=3x^2+(4y-1)x+(y-1)(y+2)$

$=(x+y-1)(3x+y+2)$

05 근과 계수의 관계에 의하여 $\alpha+\beta=-5,\ \alpha\beta=-7$

$\therefore \alpha^2+\alpha\beta+\beta^2=(\alpha+\beta)^2-\alpha\beta=25+7=32$

06 나누는 식 $2x+1$에서 $2x+1=0$을 만족시키는 x의 값은

$x=-\frac{1}{2}$이므로 $k=-\frac{1}{2}$

$2k=c$에서 $c=-1$

$a+c=-4$에서 $a=-3$

$b+2=6$에서 $b=4$

$2+(-3)=d$에서 $d=-1$

$\therefore a+b+c+d=-1$

07 $a^2+b^2+c^2=(a+b+c)^2-2(ab+bc+ca)$

$=5^2-2\times7=11$

$a^2+b^2+c^2+ab+bc+ca=\frac{1}{2}\{(a+b)^2+(b+c)^2+(c+a)^2\}$

에서

$(a+b)^2+(b+c)^2+(c+a)^2$

$=2(a^2+b^2+c^2+ab+bc+ca)$

$=2(11+7)=36$

08 $f(x)$를 $x-1$로 나눈 몫과 나머지가 각각 $Q(x)$, 6이므로

$f(x)=(x-1)Q(x)+6$ ……㉠

또 $Q(x)$를 $x-2$로 나눈 몫과 나머지는 각각 $x+1$, 3이므로

$Q(x)=(x-2)(x+1)+3$ ……㉡

㉡을 ㉠에 대입하면

$f(x)=(x-1)\{(x-2)(x+1)+3\}+6$

$=(x-1)(x+1)(x-2)+3(x-1)+6$

$=(x^2-1)(x-2)+3x+3$

따라서 $f(x)$를 x^2-1로 나눈 몫은 $x-2$,

나머지는 $3x+3$이므로

$R(x)=(x-2)+(3x+3)=4x+1$

$\therefore R(2)=9$

09 $a^3+c^3+a^2c+ac^2-ab^2-b^2c$

$=-b^2(a+c)+a^3+a^2c+ac^2+c^3$

$=-b^2(a+c)+a^2(a+c)+c^2(a+c)$

$=(a+c)(a^2+c^2-b^2)=0$

그런데 a, b, c는 삼각형의 세 변의 길이이므로 각각 양수이다.

즉, $a+c>0$

$\therefore a^2+c^2=b^2$

따라서 주어진 삼각형은 b가 빗변인 직각삼각형이다.

10 $z=a+bi$ (a, b는 실수)라 하면

$\bar{z}=a-bi$

이것을 주어진 식에 대입하면

$(1-i)(a+bi)+(2+i)(a-bi)=3\times2a-6i$

$a+bi-ai+b+2a-2bi+ai+b=6a-6i$

$(3a+2b)-bi=6a-6i$

복소수가 서로 같을 조건에 의하여

$3a+2b=6a,\ -b=-6$

$\therefore a=4,\ b=6$

따라서 $z=4+6i$이므로

$\overline{z+\bar{z}}=\bar{z}+z=(4-6i)+(4+6i)=8$

11 근과 계수의 관계에 의하여

$\alpha+\beta=1,\ \alpha\beta=-1$

이때, $1-\alpha=\beta,\ 1-\beta=\alpha$이므로

$\frac{1-\alpha}{3\beta}+\frac{1-\beta}{2\alpha}=\frac{\beta}{3\beta}+\frac{\alpha}{2\alpha}=\frac{1}{3}+\frac{1}{2}=\frac{5}{6}$

$\frac{1-\alpha}{3\beta}\times\frac{1-\beta}{2\alpha}=\frac{\beta}{3\beta}\times\frac{\alpha}{2\alpha}=\frac{1}{3}\times\frac{1}{2}=\frac{1}{6}$

즉, 두 근의 합이 $\frac{5}{6}$, 두 근의 곱이 $\frac{1}{6}$인 이차방정식은

$a\left(x^2-\frac{5}{6}x+\frac{1}{6}\right)=0\ (a\neq 0)$

$ax^2-\frac{5}{6}ax+\frac{1}{6}a=0$

상수항이 1이므로 $\frac{1}{6}a=1$ $\quad\therefore a=6,\ b=-5$

$\therefore a+b=1$

12 이차함수 $y=-x^2+4x-1$의 그래프와 직선 $y=-x+1$의 두 교점의 좌표를 $(\alpha,\ -\alpha+1)$, $(\beta,\ -\beta+1)$이라 하면 이차방정식 $-x^2+4x-1=-x+1$, 즉 $x^2-5x+2=0$의 두 근이 α, β이므로 근과 계수의 관계에 의하여

$\alpha+\beta=5,\ \alpha\beta=2$

따라서 주어진 직선과 이차함수의 그래프의 두 교점 사이의 거리는

$$\begin{aligned}\sqrt{(\beta-\alpha)^2+\{-\beta+1-(-\alpha+1)\}^2}&=\sqrt{2(\alpha-\beta)^2}\\&=\sqrt{2\{(\alpha+\beta)^2-4\alpha\beta\}}\\&=\sqrt{2(25-8)}\\&=\sqrt{34}\end{aligned}$$

13 주어진 등식의 양변에 $x=2$를 대입하면

$2^{20}-1=a_0+a_1+a_2+\cdots+a_{20}$ ……㉠

$x=0$을 대입하면

$-1=a_0-a_1+a_2-a_3+\cdots+a_{20}$ ……㉡

㉠−㉡을 하면

$2^{20}=2(a_1+a_3+\cdots+a_{19})$

$\therefore a_1+a_3+\cdots+a_{19}=2^{19}$

14 (i) 이차방정식 $x^2+2x+a=0$의 판별식을 D_1이라 하면 이 이차방정식이 실근을 갖기 위해서는 $D_1\geq 0$이어야 한다.

$\frac{D_1}{4}=1^2-a\geq 0$ $\quad\therefore a\leq 1$

(ii) 이차방정식 $x^2-2(a+1)x+7+a^2=0$의 판별식을 D_2라 하면 이 이차방정식이 실근을 갖기 위해서는 $D_2\geq 0$이어야 한다.

$\frac{D_2}{4}=\{-(a+1)\}^2-(7+a^2)\geq 0$

$2a-6\geq 0$ $\quad\therefore a\geq 3$

(i), (ii)에서 구하는 실수 a의 값의 범위는

$a\leq 1$ 또는 $a\geq 3$

15 곡선 $y=f(x)$가 직선 $x=3$에 대하여 대칭이므로 x축과 만나는 점의 x좌표는 각각 $3+t$, $3-t$로 놓을 수 있다.

이차방정식 $f(x)=0$의 두 근을 α, β $(\alpha<\beta)$라 하면

$\alpha+\beta=(3-t)+(3+t)=6$

이차방정식 $f(2x-3)=0$의 두 근을 각각 p, q $(p<q)$라 하면

$2p-3=\alpha,\ 2q-3=\beta$

$\therefore p=\frac{\alpha+3}{2},\ q=\frac{\beta+3}{2}$

따라서 구하는 방정식 $f(2x-3)=0$의 두 근의 합은

$$\begin{aligned}p+q&=\frac{\alpha+3}{2}+\frac{\beta+3}{2}\\&=\frac{\alpha+\beta+6}{2}=\frac{6+6}{2}=6\end{aligned}$$

16 ㄱ. $z_2=\left(\frac{\sqrt{2}i}{1+i}\right)^2=\frac{-2}{2i}=i$ (참)

ㄴ. $z_2=i$이므로 $z_{10}=z_2{}^5=i^5=i=z_2$ (참)

ㄷ. $z_8=z_2{}^4=i^4=1$이므로 $z_{n+8}=z_n$ (참)

따라서 옳은 것은 ㄱ, ㄴ, ㄷ이다.

17 $f(x)=(x^2+x+1)Q(x)+x-8$

$Q(x)$를 $x-1$로 나누었을 때의 몫을 $Q'(x)$라고 하면

$Q(x)=(x-1)Q'(x)+1$

$$\begin{aligned}\therefore f(x)&=(x^2+x+1)\{(x-1)Q'(x)+1\}+x-8\\&=(x^3-1)Q'(x)+x^2+2x-7\end{aligned}$$

따라서 $f(x)$를 x^3-1로 나누었을 때의 나머지는

$R(x)=x^2+2x-7$

$\therefore R(0)=-7$

18 α, β가 이차방정식 $x^2+x+1=0$의 두 근이므로

$\alpha^2+\alpha+1=0,\ \beta^2+\beta+1=0$

근과 계수의 관계에 의하여 $\alpha+\beta=-1$에서

$\alpha+1=-\beta,\ \beta+1=-\alpha$이므로

$\alpha^2=-(\alpha+1)=\beta,\ \beta^2=-(\beta+1)=\alpha$

$f(\alpha^2)=f(\beta)=-4\alpha=4\beta+4$에서 $f(\beta)-4\beta-4=0$

$f(\beta^2)=f(\alpha)=-4\beta=4\alpha+4$에서 $f(\alpha)-4\alpha-4=0$

즉, 이차방정식 $f(x)-4x-4=0$의 두 근이 α, β이고

$f(x)$의 최고차항의 계수가 1이므로

$f(x)-4x-4=(x-\alpha)(x-\beta)=x^2+x+1$

$\therefore f(x)=x^2+5x+5$

$\therefore f(2)=19$

19 이차함수 $y=x^2+2(k-3)x+k^2-3$의 그래프가 x축과 접하므로 이차방정식 $x^2+2(k-3)x+k^2-3=0$의 판별식을 D라 하면

$\frac{D}{4}=(k-3)^2-(k^2-3)=0$ ……㉮

$-6k+12=0$ $\quad\therefore k=2$ ……㉯

채점 기준	배점
㉮ $\frac{D}{4}=(k-3)^2-(k^2-3)=0$ 구하기	3점
㉯ 답 구하기	3점

20 나머지정리에 의하여 $f(-1)=f(1)$이므로

$-1-1-a+b=1-1+a+b$

$-a+b-2=a+b$ $\quad\therefore a=-1$ ……㉮

또 나머지정리에 의하여 $f(2)=7$이므로

$f(2)=8-4+2a+b=7$ $\quad\therefore 2a+b=3$

위의 식에 $a=-1$을 대입하면 $b=5$ ……㉯

따라서 $f(x)=x^3-x^2-x+5$이므로 $x+2$로 나누었을 때의 나머지는 나머지정리에 의하여

$f(-2)=-8-4+2+5=-5$ ……㉰

채점 기준	배점
㉮ $a=-1$ 구하기	2점
㉯ $b=5$ 구하기	2점
㉰ 답 구하기	2점

21 $f(x)=3x^2-6x+k$

$=3(x-1)^2-3+k$ ……㉮

이므로 $0\le x\le 3$에서 함수 $y=f(x)$의 그래프는 그림과 같다.

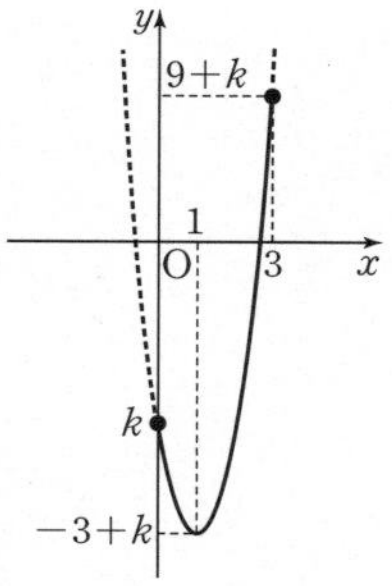

$x=3$일 때, 최댓값 $9+k$를 가지므로

$9+k=5$ $\quad\therefore k=-4$ ……㉯

따라서 함수 $f(x)$의 최솟값은 $x=1$일 때, $-3+k$이므로

$-3+k=-3+(-4)=-7$ ……㉰

채점 기준	배점
㉮ $f(x)=3(x-1)^2-3+k$로 놓기	2점
㉯ $k=-4$ 구하기	2점
㉰ 답 구하기	2점

핵심 포인트

제한된 범위에서의 최대 · 최소

$\alpha\le x\le\beta$에서 이차함수 $f(x)=a(x-m)^2+n$의 최대 · 최소

(1) 꼭짓점의 x좌표가 주어진 범위에 포함될 때

① 최댓값: $f(\alpha)$, $f(\beta)$, $f(m)$ 중 가장 큰 값

② 최솟값: $f(\alpha)$, $f(\beta)$, $f(m)$ 중 가장 작은 값

(2) 꼭짓점의 x좌표가 주어진 범위에 포함되지 않을 때

① 최댓값: $f(\alpha)$, $f(\beta)$ 중 큰 값

② 최솟값: $f(\alpha)$, $f(\beta)$ 중 작은 값

22 조건 (가)에서 $f(x)=a(x-1)^2+4$ (단, $a>0$) ……㉠

조건 (나)에서 $g(x)=b(x+1)^2+2$ (단, $b<0$) ……㉡

……㉮

조건 (다)에서

$f(x)+g(x)=c(x-3)^2-2$

$=cx^2-6cx+9c-2$ (단, $c>0$) ……㉢

이때, ㉠+㉡을 하면

$f(x)+g(x)=(a+b)x^2-2(a-b)x+a+b+6$ ……㉣

㉢, ㉣에 의하여

$a+b=c$, $a-b=3c$, $a+b+6=9c-2$

위의 식을 연립하여 풀면 $a=2$, $b=-1$, $c=1$

$\therefore f(x)+g(x)=x^2-6x+7$ ……㉯

$\therefore f(10)+g(10)=100-60+7=47$ ……㉰

채점 기준	배점
㉮ $f(x)$, $g(x)$의 식 표현하기	2점
㉯ $f(x)+g(x)$ 구하기	4점
㉰ 답 구하기	2점

23 근과 계수의 관계에 의하여

$\alpha+\beta=-\dfrac{b}{a}$, $\alpha\beta=\dfrac{c}{a}$ ……㉠

$\alpha^2+\beta^2=1$, $\dfrac{1}{\alpha^2}+\dfrac{1}{\beta^2}=1$을 각각 변형하여 ㉠을 대입하면

$\alpha^2+\beta^2=(\alpha+\beta)^2-2\alpha\beta=\dfrac{b^2}{a^2}-\dfrac{2c}{a}=1$

$\therefore \dfrac{b^2}{a^2}-\dfrac{2c}{a}=1$ ……㉡ ……㉮

$\dfrac{1}{\alpha^2}+\dfrac{1}{\beta^2}=\dfrac{\alpha^2+\beta^2}{\alpha^2\beta^2}=\dfrac{1}{\alpha^2\beta^2}=\dfrac{a^2}{c^2}=1$

$a^2=c^2$, $(a+c)(a-c)=0$

$\therefore a=c$ 또는 $a=-c$

$a=c$ 또는 $a=-c$를 각각 ㉡에 대입하면

(i) $a=c$일 때,

$\dfrac{b^2}{a^2}-\dfrac{2c}{a}=\dfrac{b^2}{a^2}-\dfrac{2a}{a}=1$

$\therefore \dfrac{b^2}{a^2}=3$

(ii) $a=-c$일 때,

$\dfrac{b^2}{a^2}-\dfrac{2c}{a}=\dfrac{b^2}{a^2}+\dfrac{2a}{a}=1$

$\therefore \dfrac{b^2}{a^2}=-1$

그런데 a, b가 실수이므로 $\dfrac{b^2}{a^2}\ge 0$

따라서 $\dfrac{b^2}{a^2}=-1$은 계수가 실수인 조건에 모순이다.

(i), (ii)에서 $a=c$, $\dfrac{b^2}{a^2}=3$ ……㉯

$\therefore \dfrac{b^2}{a^2}-\dfrac{c^2}{b^2}-\dfrac{a^2}{c^2}=\dfrac{b^2}{a^2}-\dfrac{a^2}{b^2}-\dfrac{a^2}{a^2}$

$=3-\dfrac{1}{3}-1=\dfrac{5}{3}$ ……㉰

채점 기준	배점
㉮ $\dfrac{b^2}{a^2}-\dfrac{2c}{a}=1$ 구하기	3점
㉯ $a=c$, $\dfrac{b^2}{a^2}=3$ 구하기	3점
㉰ 답 구하기	2점

20○○학년도 1학년 1학기 중간고사(7회)

01 ④	**02** ①	**03** ③	**04** ⑤	**05** ④
06 ①	**07** ⑤	**08** ②	**09** ②	**10** ④
11 ③	**12** ③	**13** ②	**14** ②	**15** ①
16 ③	**17** ④	**18** ⑤	**19** $x^2-6x+18=0$	
20 2	**21** $0<k\le\frac{9}{4}$		**22** 2	**23** 9

01 $A+B=x^2+4x+4$ ……㉠
$A-B=x^2-2x+6$ ……㉡
㉠−㉡을 하면
$2B=(x^2+4x+4)-(x^2-2x+6)$
$=x^2+4x+4-x^2+2x-6=6x-2$
$\therefore B=3x-1$

02 $a^3-b^3=(a-b)^3+3ab(a-b)$
$=3^3+3\times2\times3=45$

03 $f(x)=x^4-4x^3+5x^2+2x-8$로 놓으면
$f(-1)=0$, $f(2)=0$이므로
조립제법을 이용하여 인수분해하면

−1	1	−4	5	2	−8
		−1	5	−10	8
2	1	−5	10	−8	0
		2	−6	8	
	1	−3	4	0	

$\therefore f(x)=(x+1)(x-2)(x^2-3x+4)$
따라서 인수인 것은 ③ x^2-3x+4이다.

04 $\alpha=3-4i$, $\beta=1-3i$에서
$\overline{\alpha}=3+4i$, $\overline{\beta}=1+3i$
$\therefore \alpha\overline{\alpha}-\overline{\alpha}\beta-\alpha\overline{\beta}+\beta\overline{\beta}$
$=(3-4i)(3+4i)-(3+4i)(1-3i)-(3-4i)(1+3i)+(1-3i)(1+3i)$
$=(9+16)-(15-5i)-(15+5i)+(1+9)$
$=5$

[다른 풀이]
$\alpha\overline{\alpha}-\overline{\alpha}\beta-\alpha\overline{\beta}+\beta\overline{\beta}=\alpha(\overline{\alpha}-\overline{\beta})-\beta(\overline{\alpha}-\overline{\beta})$
$=(\alpha-\beta)(\overline{\alpha}-\overline{\beta})$
$=(\alpha-\beta)(\overline{\alpha-\beta})$
이때, $\alpha=3-4i$, $\beta=1-3i$이므로
$\alpha-\beta=(3-4i)-(1-3i)=2-i$, $\overline{\alpha-\beta}=2+i$
$\therefore$ (주어진 식)$=(2-i)(2+i)=2^2-i^2=5$

05 $z=\frac{1+\sqrt{3}i}{2}$에서 $2z-1=\sqrt{3}i$
양변을 제곱하면 $4z^2-4z+1=-3$
$4z^2-4z+4=0$, $z^2-z+1=0$
양변에 $z+1$을 곱하면 $(z+1)(z^2-z+1)=z^3+1=0$
$\therefore z^3=-1$
$z^5=z^3\times z^2=-z^2$, $z^7=(z^3)^2\times z=z$
$\therefore z^3+z^5+z^7=-1-z^2+z=-(z^2-z+1)=0$
$\therefore z^3+z^5+z^7+\cdots+z^{21}$
$=(z^3+z^5+z^7)+z^6(z^3+z^5+z^7)+z^{12}(z^3+z^5+z^7)+(z^3)^7$
$=-1$

06 근과 계수의 관계에 의하여
$\alpha+\beta=-6$, $\alpha\beta=-1$
$\therefore \frac{\beta-1}{\alpha}+\frac{\alpha-1}{\beta}=\frac{\beta^2-\beta+\alpha^2-\alpha}{\alpha\beta}$
$=\frac{\alpha^2+\beta^2-(\alpha+\beta)}{\alpha\beta}$
$=\frac{(\alpha+\beta)^2-2\alpha\beta-(\alpha+\beta)}{\alpha\beta}$
$=\frac{(-6)^2-2\times(-1)-(-6)}{-1}=-44$

07 ax^3+bx^2+cx+d를 x^2+2x-2로 나누었을 때 몫이 $2x+1$, 나머지가 $x-2$이므로
ax^3+bx^2+cx+d
$=(x^2+2x-2)(2x+1)+x-2$
$=2x(x^2+2x-2)+(x^2+2x-2)+x-2$
$=2x^3+5x^2-x-4$
$\therefore a=2,\ b=5,\ c=-1,\ d=-4$
$\therefore a+b+c+d=2$

08 $10^3=x$로 놓으면
$\frac{4\times10^9+10^6-4\times10^3-1}{10^3-1}=\frac{4x^3+x^2-4x-1}{x-1}$
$=\frac{(x-1)(4x^2+5x+1)}{x-1}$
$=4x^2+5x+1$
$=4\times10^6+5\times10^3+1$
$=4005001$

09 $\overline{AB}=a$, $\overline{BC}=b$, $\overline{BF}=c$라 하면 직육면체의 겉넓이는
$2(ab+bc+ca)=50$ $\quad\therefore ab+bc+ca=25$
△BGD의 세 변의 길이의 제곱의 합은
$\overline{DB}^2+\overline{BG}^2+\overline{GD}^2=62$
$(a^2+b^2)+(b^2+c^2)+(c^2+a^2)=62$
$\therefore a^2+b^2+c^2=31$
직육면체의 모든 모서리의 길이의 합은 $4(a+b+c)$이고
$(a+b+c)^2=a^2+b^2+c^2+2(ab+bc+ca)$
$=31+2\times25=81$
$\therefore a+b+c=9$ ($\because a+b+c>0$)
따라서 모든 모서리의 길이의 합은 36이다.

10 $z=1+i$에서
$z^2=(1+i)^2=1+2i-1=2i$
$z^3=(1+i)^3=2i(1+i)=2i-2$
$z^4=(1+i)^4=(2i)^2=-4$

$z+z^2+z^3+z^4=1+i+2i+2i-2-4=-5+5i$
$z^5+z^6+z^7+z^8=z^4(z+z^2+z^3+z^4)$
$=-4(-5+5i)=20-20i$
$\therefore z+z^2+z^3+\cdots+z^8=-5+5i+20-20i=15-15i$
따라서 $a=15$, $b=-15$이므로
$a-b=15-(-15)=30$

11 주어진 이차식이 완전제곱식이 되려면 x에 대한 이차방정식
$x^2-2(k-1)x+2k^2-2k-8=0$이 중근을 가져야 하므로
판별식을 D라 하면
$\frac{D}{4}=(k-1)^2-(2k^2-2k-8)=0$
$-k^2+9=0$, $(k-3)(k+3)=0$
$\therefore k=-3$ 또는 $k=3$
따라서 모든 실수 k의 값의 합은
$3+(-3)=0$

핵심 포인트
이차식 ax^2+bx+c가 완전제곱식이 되려면
➡ $b^2-4ac=0$, 즉 $D=0$

12 점 B의 좌표를 $(a,\ 0)$ $(0<a<\sqrt{2})$이라 하면
$C(a,\ -a^2+2)$
$\therefore \overline{AB}=2a$, $\overline{BC}=-a^2+2$
□ABCD의 둘레의 길이를 l이라 하면
$l=2\times2a+2(-a^2+2)$
$=-2a^2+4a+4$
$=-2(a-1)^2+6$ ……㉠
이때, $0<a<\sqrt{2}$이므로 ㉠의 그래프는 그림과 같다.

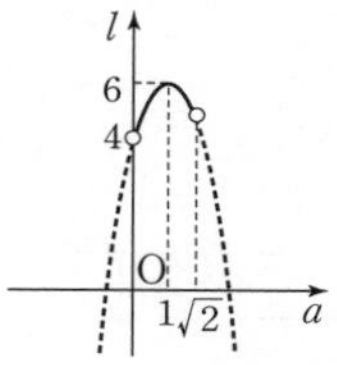

따라서 $a=1$일 때, □ABCD의 둘레의 길이의 최댓값은 6이다.

13 $(a+b+c)^2=a^2+b^2+c^2+2(ab+bc+ca)$에서
$1^2=3+2(ab+bc+ca)$ $\quad\therefore ab+bc+ca=-1$
$a^3+b^3+c^3-3abc=(a+b+c)(a^2+b^2+c^2-ab-bc-ca)$
$1-3abc=4$ $\quad\therefore abc=-1$

14 이차방정식 $x^2-mx+n=0$의 두 근이 α, β이므로 근과 계수의 관계에 의하여
$\alpha+\beta=m$, $\alpha\beta=n$ ……㉠
이차방정식 $x^2+nx+m=0$의 두 근이 $\alpha-2$, $\beta-2$이므로 근과 계수의 관계에 의하여
$(\alpha-2)+(\beta-2)=\alpha+\beta-4=m-4=-n$ ($\because$ ㉠)
$\therefore m+n=4$ ……㉡
$(\alpha-2)(\beta-2)=\alpha\beta-2(\alpha+\beta)+4=n-2m+4=m$ ($\because$ ㉠)
$\therefore 3m-n=4$ ……㉢
㉡, ㉢을 연립하여 풀면 $m=2$, $n=2$
$\therefore m^2+n^2=8$

15 이차함수 $y=x^2-2kx+k^2-6k$의 그래프와 직선
$y=2ax-a^2$이 접하므로 이차방정식
$x^2-2kx+k^2-6k=2ax-a^2$, 즉
$x^2-2(k+a)x+k^2+a^2-6k=0$의 판별식을 D라 하면
$\frac{D}{4}=(k+a)^2-(k^2+a^2-6k)=0$
$2ak+6k=0$, $(2a+6)k=0$
이 식이 실수 k의 값에 관계없이 항상 성립하므로
$2a+6=0$ $\quad\therefore a=-3$

16 $y=x^2-2x=(x-1)^2-1$
이므로 $3\le x\le k$에서 $y=x^2-2x$의 그래프는 그림과 같다.

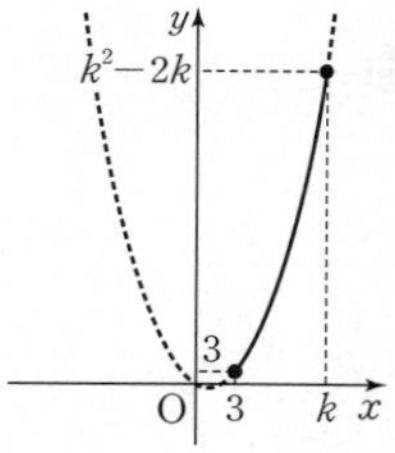

$x=k$일 때, 최댓값 k^2-2k를 가지므로
$k^2-2k=48$, $(k+6)(k-8)=0$
$\therefore k=8$ ($\because k>3$)

17 $x+y=1$에서 $y=1-x$이고, $x\ge0$, $y\ge0$이므로
$y=1-x\ge0$ $\quad\therefore 0\le x\le1$
이때, $y=1-x$를 x^2+2y^2에 대입하면
$x^2+2y^2=x^2+2(1-x)^2$
$=3x^2-4x+2$
$=3\left(x-\frac{2}{3}\right)^2+\frac{2}{3}$
이므로 $0\le x\le1$에서 $x=\frac{2}{3}$일 때 최솟값 $\frac{2}{3}$, $x=0$일 때 최댓값 2를 갖는다.
따라서 최댓값과 최솟값의 차는 $2-\frac{2}{3}=\frac{4}{3}$

18 $\{f(x)\}^{100}$을 $f(x^2)$으로 나눈 몫을 $Q(x)$, 나머지를 $R(x)=ax+b$ (a, b는 상수)라고 하면
$\{f(x)\}^{100}=f(x^2)Q(x)+R(x)$
$\left(\frac{1}{4}x-\frac{1}{4}\right)^{100}=\left(\frac{1}{4}x^2-\frac{1}{4}\right)Q(x)+ax+b$
$=\frac{1}{4}(x-1)(x+1)Q(x)+ax+b$
이 등식의 양변에
$x=1$을 대입하면 $0=a+b$ ……㉠
$x=-1$을 대입하면 $\left(-\frac{1}{2}\right)^{100}=-a+b$
$\therefore \left(\frac{1}{2}\right)^{100}=-a+b$ ……㉡
㉠+㉡을 하면 $\left(\frac{1}{2}\right)^{100}=2b$
$\therefore b=\left(\frac{1}{2}\right)^{101}=\frac{1}{2^{101}}$
㉠−㉡을 하면 $-\left(\frac{1}{2}\right)^{100}=2a$
$\therefore a=-\left(\frac{1}{2}\right)^{101}=-\frac{1}{2^{101}}$
$\therefore R(x)=-\frac{1}{2^{101}}x+\frac{1}{2^{101}}$
$\therefore R(-2)=-\frac{1}{2^{101}}\times(-2)+\frac{1}{2^{101}}=\frac{3}{2^{101}}$

19 두 근의 합은 $(3+3i)+(3-3i)=6$,
두 근의 곱은 $(3+3i)(3-3i)=9+9=18$ ……㉮
이므로 이차항의 계수가 1인 이차방정식은
$x^2-6x+18=0$ ……㉯

채점 기준	배점
㉮ $\alpha+\beta=6$, $\alpha\beta=18$ 구하기	3점
㉯ 답 구하기	3점

20

$$\begin{array}{r} 2x+1 \\ x^2-x+1\overline{)2x^3-x^2+ax+b} \\ \underline{2x^3-2x^2+2x} \\ x^2+(a-2)x+b \\ \underline{x^2-x+1} \\ (a-1)x+b-1 \end{array}$$ ……㉮

$(a-1)x+b-1=0$이므로
$a-1=0,\ b-1=0$
$\therefore a=1,\ b=1$
$\therefore a^2+b^2=1+1=2$ ……㉯

채점 기준	배점
㉮ 나눗셈 하기	3점
㉯ 답 구하기	3점

21 두 이차함수의 그래프 중 하나만 x축과 만나려면
이차방정식 $x^2-3x+k=0$의 판별식을 D_1,
이차방정식 $x^2-2kx+k^2+4k=0$의 판별식을 D_2라 할 때

$\begin{cases} D_1\ge0 \\ D_2<0 \end{cases}$ 또는 $\begin{cases} D_1<0 \\ D_2\ge0 \end{cases}$

$D_1=9-4k$, $D_2=4k^2-4(k^2+4k)=-16k$이므로
(i) $D_1\ge0$, $D_2<0$일 때
$k\le\frac{9}{4}$, $k>0$
$\therefore 0<k\le\frac{9}{4}$ ……㉮
(ii) $D_1<0$, $D_2\ge0$일 때
$k>\frac{9}{4}$, $k\le0$
∴ 해가 없다. ……㉯
(i), (ii)에서
$0<k\le\frac{9}{4}$ ……㉰

채점 기준	배점
㉮ $D_1\ge0$, $D_2<0$인 경우 풀기	2점
㉯ $D_1<0$, $D_2\ge0$인 경우 풀기	2점
㉰ 답 구하기	2점

22 $2^{751}=(2^3)^{250}\times2=2\times8^{250}$이므로
$f(x)=2x^{250}$으로 놓으면 ……㉮
$f(x)$를 $x-1$로 나누었을 때의 나머지는 $f(1)=2$
이때, 몫을 $Q(x)$라고 하면
$2x^{250}=(x-1)Q(x)+2$ ……㉯
이 등식의 양변에 $x=8$을 대입하면
$2\times8^{250}=(8-1)Q(8)+2$
$\therefore 2^{751}=7Q(8)+2$
따라서 2^{751}을 7로 나누었을 때의 나머지는 2이다. ……㉰

채점 기준	배점
㉮ $f(x)=2x^{250}$으로 놓기	2점
㉯ $2x^{250}=(x-1)Q(x)+2$로 놓기	3점
㉰ 답 구하기	3점

핵심 포인트
나머지정리
x에 대한 다항식 $f(x)$를 일차식 $x-\alpha$로 나누었을 때의 나머지를 R라 하면
➡ $R=f(\alpha)$

23 이차함수 $y=f(x)$의 그래프의 꼭짓점의 좌표를 (a, ka)라 하면
$f(x)=(x-a)^2+ka$로 놓을 수 있다. ……㉮
한편, 이차함수 $y=f(x)$의 그래프와 직선 $y=kx+5$가 만나는 두 점의 x좌표 α, β는 방정식 $(x-a)^2+ka=kx+5$의 두 근이므로 $x^2-(2a+k)x+a^2+ka-5=0$에서 근과 계수의 관계에 의하여
$\alpha+\beta=2a+k$ …… ㉠
$\alpha\beta=a^2+ka-5$ …… ㉡
또한, 이차함수 $y=f(x)$의 그래프의 축의 방정식이
직선 $x=\frac{\alpha+\beta}{2}-\frac{1}{4}$이므로
$\frac{\alpha+\beta}{2}-\frac{1}{4}=a \qquad \therefore \alpha+\beta=2a+\frac{1}{2}$
㉠에서 $2a+\frac{1}{2}=2a+k$이므로 $k=\frac{1}{2}$
$k=\frac{1}{2}$을 ㉡에 대입하면
$\alpha\beta=a^2+\frac{1}{2}a-5$ ……㉯
$\therefore (\beta-\alpha)^2=(\alpha+\beta)^2-4\alpha\beta$
$=\left(2a+\frac{1}{2}\right)^2-4\left(a^2+\frac{1}{2}a-5\right)$
$=\frac{81}{4}$
$\therefore 2(\beta-\alpha)=2\times\sqrt{\frac{81}{4}}\ (\because \alpha<\beta)$
$=2\times\frac{9}{2}=9$ ……㉰

채점 기준	배점
㉮ $f(x)=(x-a)^2+ka$로 놓기	2점
㉯ $\alpha+\beta=2a+\frac{1}{2}$, $\alpha\beta=a^2+\frac{1}{2}a-5$ 구하기	3점
㉰ 답 구하기	3점

20○○학년도 1학년 1학기 중간고사(8회)

01 ④	02 ②	03 ⑤	04 ⑤	05 ④
06 ②	07 ④	08 ③	09 ③	10 ①
11 ①	12 ①	13 ②	14 ⑤	15 ③
16 ⑤	17 ①	18 ③		

19 $f(x)=(x+1)(x-1)(x^2+2x+3)$

20 $x^2-7x+12=0$ 21 724 22 4 23 $\frac{33}{4}$

01 $(x^2+x-1)(x^2-x+a)$의 전개식에서
x^2의 항은
$x^2\times a+x\times(-x)+(-1)\times x^2=(a-2)x^2$
즉, $a-2=6$이므로
$a=8$
x의 항은
$x\times a+(-1)\times(-x)=(a+1)x$
따라서 x의 계수는
$a+1=8+1=9$

02

$$\begin{array}{r} \boxed{2x-1} \\ x^2+x-3\,\big)\,2x^3+\ x^2-4x+5 \\ 2x^3+2x^2-6x \\ \hline -\ x^2+2x+5 \\ -\ x^2-\ x+3 \\ \hline \boxed{3x+2} \end{array}$$

$\therefore Q(x)=2x-1,\ R(x)=3x+2$
$\therefore Q(2)+R(2)=3+8=11$

03 $\frac{a}{2+i}+\frac{b}{2-i}=\frac{a(2-i)}{(2+i)(2-i)}+\frac{b(2+i)}{(2-i)(2+i)}$
$=\frac{2a-ai+2b+bi}{5}$
$=\frac{2a+2b}{5}+\frac{-a+b}{5}i=8-6i$
복소수가 서로 같을 조건에 의하여
$\frac{2a+2b}{5}=8,\ \frac{-a+b}{5}=-6$
$a+b=20,\ a-b=30$
두 식을 연립하여 풀면 $a=25,\ b=-5$
$\therefore a+2b=15$

04 $z=a+bi$ (a, b는 실수)로 놓으면
$z+zi=a+bi+(a+bi)i$
$=a+bi+ai-b$
$=(a-b)+(a+b)i$
$\therefore \overline{z+zi}=(a-b)-(a+b)i$
$\overline{z+zi}=2+4i$에서
$(a-b)-(a+b)i=2+4i$
복소수가 서로 같을 조건에 의하여
$a-b=2,\ a+b=-4$
두 식을 연립하여 풀면 $a=-1,\ b=-3$
$\therefore z=-1-3i$
따라서 $\overline{z}=-1+3i$이므로
$z\overline{z}=(-1-3i)(-1+3i)=(-1)^2+3^2=10$

05 근과 계수의 관계에 의하여
$\alpha+\beta=10,\ \alpha\beta=6$
$\therefore \alpha^2+\beta^2=(\alpha+\beta)^2-2\alpha\beta$
$=10^2-2\times6=88$

06 이차함수 $y=x^2+ax+a+b$의 그래프와 x축의 교점의 x좌표 -2, 6은 이차방정식 $x^2+ax+a+b=0$의 두 근이므로 근과 계수의 관계에 의하여
$-2+6=-a,\ (-2)\times6=a+b$
$\therefore a=-4,\ b=-8$
$\therefore a-b=4$

07 $x-y=-10$ ……㉠
$y-z=8$ ……㉡
㉠+㉡을 하면 $x-z=-2$
$\therefore x^2+y^2+z^2-xy-yz-zx$
$=\frac{1}{2}(2x^2+2y^2+2z^2-2xy-2yz-2zx)$
$=\frac{1}{2}\{(x-y)^2+(y-z)^2+(x-z)^2\}$
$=\frac{1}{2}\{(-10)^2+8^2+(-2)^2\}$
$=84$

08 $f(x)=x^3+p$를 $x-1$로 나누었을 때의 나머지가 0이므로
$f(1)=1+p=0 \quad \therefore p=-1$
$\therefore f(x)=x^3-1=(x-1)Q(x)$ ……㉠
이때, $Q(x)$를 $x+3$으로 나누었을 때의 나머지는 $Q(-3)$이므로 ㉠의 양변에 $x=-3$을 대입하면
$f(-3)=-27-1=-4Q(-3)$
$\therefore Q(-3)=7$

09 $\frac{1+i}{1-i}=\frac{(1+i)^2}{(1-i)(1+i)}=\frac{2i}{2}=i$
$\frac{1-i}{1+i}=\frac{(1-i)^2}{(1+i)(1-i)}=\frac{-2i}{2}=-i$
$\therefore \left(\frac{1+i}{1-i}\right)^{4n+3}-\left(\frac{1-i}{1+i}\right)^{4n+1}$
$=i^{4n+3}-(-i)^{4n+1}$
$=i^{4n}\times i^3-(-i)^{4n}\times(-i)$
$=i^3-(-i)$ ($\because i^4=1,\ (-i)^4=1$)
$=-i+i=0$

10 $x^2-2|x|-8=0$에서
(i) $x\ge0$일 때,
$x^2-2x-8=0,\ (x+2)(x-4)=0$

$\therefore x=-2$ 또는 $x=4$

그런데 $x\geq 0$이므로 $x=4$

(ii) $x<0$일 때,

$x^2+2x-8=0$, $(x+4)(x-2)=0$

$\therefore x=-4$ 또는 $x=2$

그런데 $x<0$이므로 $x=-4$

(i), (ii)에 의하여 $\alpha=-4$, $\beta=4$이므로

$\alpha-\beta=(-4)-4=-8$

11 이차함수 $y=x^2+2ax+am+m+b$의 그래프가 x축에 접하므로 이차방정식 $x^2+2ax+am+m+b=0$의 판별식을 D라 하면

$\frac{D}{4}=a^2-(am+m+b)=0$

$a^2-b-m(a+1)=0$

이 식이 실수 m의 값에 관계없이 항상 성립하므로

$a+1=0$, $a^2-b=0$

$\therefore a=-1$, $b=1$

$\therefore a-b=-2$

12 이차함수 $y=x^2-4x+5$의 그래프와 직선 $y=x+k$의 교점이 P, Q이므로 두 점 P, Q의 x좌표는 이차방정식

$x^2-4x+5=x+k$, 즉

$x^2-5x+5-k=0$ ⋯⋯ ㉠

의 두 근과 같다.

그런데 점 P의 x좌표가 4이므로 ㉠에 $x=4$를 대입하면

$16-20+5-k=0$

$\therefore k=1$

$k=1$을 ㉠에 대입하면

$x^2-5x+4=0$, $(x-1)(x-4)=0$

$\therefore x=1$ 또는 $x=4$

따라서 점 Q의 x좌표는 1이다.

이때, 두 점 P, Q가 직선 $y=x+1$ 위의 점이므로

P(4, 5), Q(1, 2)

$\therefore \overline{PQ}=\sqrt{(4-1)^2+(5-2)^2}=3\sqrt{2}$

13 $x^n(x^2+ax+b)$를 $(x-3)^n$으로 나눈 몫을 $Q(x)$라고 하면

$x^n(x^2+ax+b)=(x-3)^nQ(x)+3^n(x-3)$

이 식의 양변에 $x=3$을 대입하면

$3^n(9+3a+b)=0$ $\quad\therefore b=-3a-9$ ⋯⋯ ㉠

$x^n(x^2+ax-3a-9)=(x-3)^nQ(x)+3^n(x-3)$에서

$x^n(x-3)(x+a+3)=(x-3)\{(x-3)^{n-1}Q(x)+3^n\}$

$x\neq 3$일 때에도 등식이 성립하므로

$x^n(x+a+3)=(x-3)^{n-1}Q(x)+3^n$

이 식의 양변에 $x=3$을 대입하면

$3^n(3+a+3)=3^n$, $a+6=1$

$\therefore a=-5$, $b=15-9=6$ ($\because$ ㉠)

$\therefore a+b=1$

14 이차방정식 $f(x)=0$의 두 근을 α, β라 하면

$\alpha+\beta=8$

한편, $f(2x+1)=0$의 두 근은 $2x+1=\alpha$, $2x+1=\beta$에서

$x=\frac{\alpha-1}{2}$, $x=\frac{\beta-1}{2}$이다.

따라서 구하는 두 근의 합은

$\frac{\alpha-1}{2}+\frac{\beta-1}{2}=\frac{\alpha+\beta-2}{2}$

$=\frac{8-2}{2}=3$

15 $y=x^2-4x-1$

$=(x^2-4x+4-4)-1$

$=(x-2)^2-5$

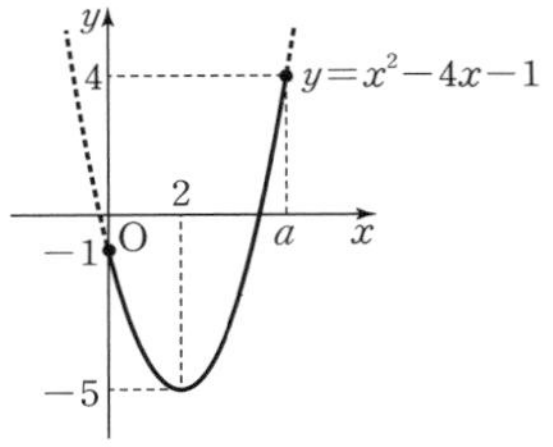

$0\leq x\leq a$에서 $y=f(x)$의 그래프는 그림과 같다.

$x=a$일 때, 최댓값이 4이므로

$a^2-4a-1=4$

$a^2-4a-5=0$, $(a-5)(a+1)=0$

$\therefore a=5$ ($\because a\geq 0$)

$x=2$일 때, 최솟값이 -5이므로

$b=-5$

$\therefore a+b=5+(-5)=0$

16 $f(x)=x^3-(a+b)x^2-(a^2+b^2)x+a^3+b^3+a^2b+ab^2$

이라 하면 다항식 $f(x)$가 $x-c$로 나누어떨어지므로

$f(c)=c^3-(a+b)c^2-(a^2+b^2)c+a^3+b^3+a^2b+ab^2$

$=c^3-(a+b)c^2-(a^2+b^2)c+a^2(a+b)+b^2(a+b)$

$=c^3-(a+b)c^2-(a^2+b^2)c+(a^2+b^2)(a+b)$

$=c(c^2-a^2-b^2)-(a+b)(c^2-a^2-b^2)$

$=(c-a-b)(c^2-a^2-b^2)=0$

이때, $c\neq a+b$이므로 $c^2-a^2-b^2=0$

$\therefore c^2=a^2+b^2$

따라서 삼각형 ABC는 빗변의 길이가 c인 직각삼각형이다.

핵심 포인트

삼각형의 세 변의 길이가 a, b, c일 때

(1) $a=b$ 또는 $b=c$ 또는 $c=a$ ➡ 이등변삼각형

(2) $a=b=c$ ➡ 정삼각형

(3) $c^2=a^2+b^2$ ➡ 빗변의 길이가 c인 직각삼각형

17 $a+b+c=0$이므로

$a^3+b^3+c^3-3abc=(a+b+c)(a^2+b^2+c^2-ab-bc-ca)$

에서 $a^3+b^3+c^3=3abc$

또한, $b+c=-a$, $a+c=-b$, $a+b=-c$

$\therefore a\left(\frac{1}{b}+\frac{1}{c}\right)+b\left(\frac{1}{c}+\frac{1}{a}\right)+c\left(\frac{1}{a}+\frac{1}{b}\right)$

$=\frac{a(b+c)}{bc}+\frac{b(a+c)}{ca}+\frac{c(a+b)}{ab}$

$=\frac{-a^2}{bc}+\frac{-b^2}{ca}+\frac{-c^2}{ab}$

$=\frac{-(a^3+b^3+c^3)}{abc}$

$=\frac{-3abc}{abc}=-3$

18 그림과 같이 직사각형 PQRS의 가로의 길이를 $x$cm, 세로의 길이를 $y$cm라 하면

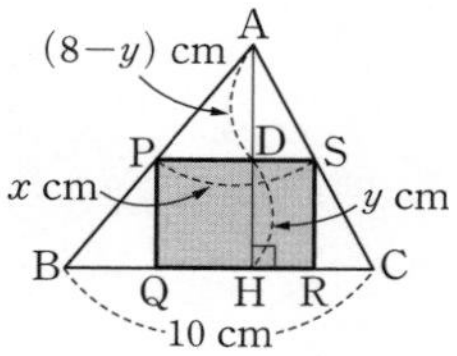

$\overline{QR}=\overline{PS}=x$cm

또 $\overline{PQ}=\overline{DH}=y$cm이므로

$\overline{AD}=(8-y)$cm

이때, $\triangle APS \backsim \triangle ABC$이므로

$\overline{BC} : \overline{PS}=\overline{AH} : \overline{AD}$

즉, $10 : x=8 : (8-y)$

$8x=10(8-y)$

$\therefore x=10-\frac{5}{4}y$

그런데 x와 y는 직사각형의 가로와 세로의 길이이므로

$x=10-\frac{5}{4}y>0$, $y>0$

$\therefore 0<y<8$ ……㉠

직사각형 PQRS의 넓이를 Scm^{2}라 하면

$S=xy=\left(10-\frac{5}{4}y\right)y$

$=-\frac{5}{4}(y-4)^2+20$ ……㉡

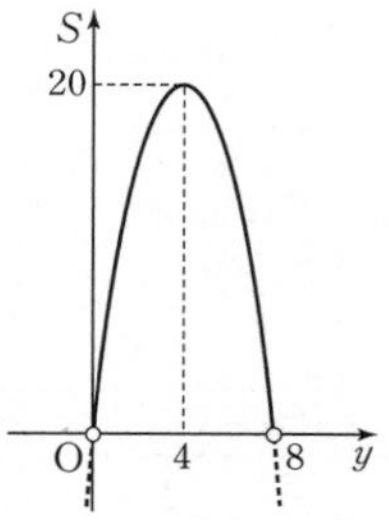

$0<y<8$에서 ㉡의 그래프는 그림과 같으므로 $y=4$일 때, 최댓값은 20이다.

따라서 직사각형 PQRS의 넓이의 최댓값은 20cm^{2}이다.

19 $f(x)$가 $x+1$, $x-1$을 인수로 가지므로 인수정리에 의해

$f(-1)=-a+b+5=0$ ……㉠

$f(1)=a+b+1=0$ ……㉡

㉠, ㉡을 연립하여 풀면

$a=2$, $b=-3$ ……㉮

$\therefore f(x)=x^4+2x^3+2x^2-2x-3$

$f(-1)=0$, $f(1)=0$이므로

조립제법을 이용하여 인수분해하면 ……㉯

−1	1	2	2	−2	−3
		−1	−1	−1	3
1	1	1	1	−3	0
		1	2	3	
	1	2	3	0	

$\therefore f(x)=(x+1)(x-1)(x^2+2x+3)$ ……㉰

채점 기준	배점
㉮ $a=2$, $b=-3$ 구하기	2점
㉯ 조립제법 하기	2점
㉰ 답 구하기	2점

20 근과 계수의 관계에 의하여

$\alpha+\beta=4$, $\alpha\beta=m$ ……㉮

$m>0$이므로 α, β의 부호는 서로 같고

$\alpha+\beta>0$이므로 $\alpha>0$, $\beta>0$

즉, 서로 다른 두 양의 정수 α, β에 대하여

$\alpha+\beta=4$인 경우는

$\alpha=1$, $\beta=3$ 또는 $\alpha=3$, $\beta=1$ ……㉯

$\therefore \alpha\beta=3$

따라서 4, 3을 두 근으로 하고, 이차항의 계수가 1인 이차방정식은 $x^2-(4+3)x+4\times3=0$

$\therefore x^2-7x+12=0$ ……㉰

채점 기준	배점
㉮ $\alpha+\beta=4$, $\alpha\beta=m$ 구하기	2점
㉯ 두 근 1, 3 구하기	2점
㉰ 답 구하기	2점

21 $a=2-\sqrt{3}$, $b=2+\sqrt{3}$이므로

$a+b=(2-\sqrt{3})+(2+\sqrt{3})=4$

$ab=(2-\sqrt{3})(2+\sqrt{3})=4-3=1$

$a^2+b^2=(a+b)^2-2ab$

$=4^2-2\times1=14$

$a^3+b^3=(a+b)^3-3ab(a+b)$

$=4^3-3\times1\times4=52$ ……㉮

한편, $(a^2+b^2)(a^3+b^3)=a^5+b^5+a^2b^2(a+b)$에서 ……㉯

$a^5+b^5=(a^2+b^2)(a^3+b^3)-a^2b^2(a+b)$

$=14\times52-1^2\times4$

$=724$ ……㉰

채점 기준	배점
㉮ $a^2+b^2=14$, $a^3+b^3=52$ 구하기	2점
㉯ $(a^2+b^2)(a^3+b^3)=a^5+b^5+a^2b^2(a+b)$로 놓기	2점
㉰ 답 구하기	2점

핵심 포인트

(1) $x^4+y^4=(x^2-y^2)^2+2x^2y^2$

(2) $x^5+y^5=(x^2+y^2)(x^3+y^3)-x^2y^2(x+y)$

(3) $x^6+y^6=(x^3+y^3)^2-2x^3y^3$

$=(x^2+y^2)^3-3x^2y^2(x^2+y^2)$

22 나머지정리에 의해

$f(1)+g(1)=4$, $\{f(1)\}^3+\{g(1)\}^3=16$ ……㉮

또한, $f(x)g(x)$를 $x-1$로 나누었을 때의 나머지는 $f(1)g(1)$이므로

$\{f(1)\}^3+\{g(1)\}^3$

$=\{f(1)+g(1)\}^3-3f(1)g(1)\{f(1)+g(1)\}$에서 ……㉯

$16=64-12f(1)g(1)$

$\therefore f(1)g(1)=4$ ……㉰

채점 기준	배점
㉮ $f(1)+g(1)=4$, $\{f(1)\}^3+\{g(1)\}^3=16$ 구하기	3점
㉯ $\{f(1)\}^3+\{g(1)\}^3$ $=\{f(1)+g(1)\}^3-3f(1)g(1)\{f(1)+g(1)\}$로 놓기	3점
㉰ 답 구하기	2점

23 $2\le x\le4$에서 이차함수 $y=(x-2a)^2+b$는 그래프 축 $x=2a$의 위치에 따라 최솟값을 갖는 x의 좌표가 달라진다.

(i) $a<1$의 경우, 함수의 최솟값은 $x=2$일 때

$(2-2a)^2+b=4$이므로 $b=-4(a-1)^2+4$

(ii) $1\le a<2$인 경우, 함수의 최솟값은 꼭짓점의 y좌표이므로 $b=4$

(iii) $a\ge 2$인 경우, 함수의 최솟값은 $x=4$일 때

$(4-2a)^2+b=4$이므로 $b=-4(a-2)^2+4$ ……㉮

(i), (ii), (iii)에서

$$b=\begin{cases}-4(a-1)^2+4 & (a<1)\\ 4 & (1\le a<2)\\ -4(a-2)^2+4 & (a\ge 2)\end{cases}$$

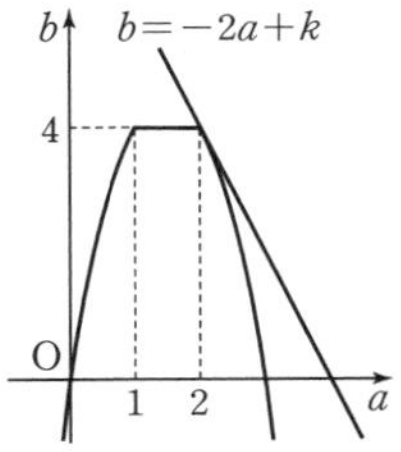

$2a+b=k$라 하면

$b=-4(a-2)^2+4$와 $b=-2a+k$가 접할 때 k는 최댓값을 갖는다.

$-4(a-2)^2+4=-2a+k$에서

$4a^2-18a+12+k=0$ ……㉯

이 이차방정식의 판별식을 D라 하면

$D=0$이어야 하므로

$\frac{D}{4}=81-4(12+k)=0$

$4k=33 \quad \therefore k=\frac{33}{4}$

따라서 $2a+b$의 최댓값은 $\frac{33}{4}$이다. ……㉰

채점 기준	배점
㉮ $a<1$, $1\le a<2$, $a\ge 2$의 세 가지 경우로 나누기	2점
㉯ b를 a에 대한 식으로 표현하기	3점
㉰ 답 구하기	3점

20○○학년도 1학년 1학기 중간고사(9회)

01 ④	**02** ③	**03** ⑤	**04** ②	**05** ④
06 ⑤	**07** ①	**08** ①	**09** ③	**10** ④
11 ②	**12** ⑤	**13** ③	**14** ④	**15** ①
16 ⑤	**17** ①	**18** ③	**19** 3	
20 $(a+b)(b+c)(c+a)$			**21** 1940306	
22 16	**23** 630			

01 $(2x^2+x+2y-3)◎(-x^2-x+y+1)$

$=(2x^2+x+2y-3)+2(-x^2-x+y+1)$

$=2x^2+x+2y-3-2x^2-2x+2y+2$

$=-x+4y-1$

02 $a^4+b^4=\{(a^2+b^2)\}^2-2a^2b^2$

$=\{(a+b)^2-2ab\}^2-2(ab)^2$

$=(5^2-2\times 4)^2-2\times 4^2=257$

03 $x^4+3x^2+4=x^4+4x^2+4-x^2$

$=(x^2+2)^2-x^2$

$=(x^2+x+2)(x^2-x+2)$

따라서 두 이차식의 합은

$(x^2+x+2)+(x^2-x+2)=2x^2+4$

04 a, b는 0이 아닌 실수이므로 $\sqrt{a}\sqrt{b}=-\sqrt{ab}$에서 $a<0$, $b<0$

c, d는 0이 아닌 실수이므로 $\frac{\sqrt{c}}{\sqrt{d}}=-\sqrt{\frac{c}{d}}$에서 $c>0$, $d<0$

$\therefore a+b<0$, $c-a>0$, $b+d<0$

$\therefore |a+b|-|c-a|+|b+d|$

$=-(a+b)-(c-a)-(b+d)$

$=-a-b-c+a-b-d$

$=-2b-c-d$

> **핵심 포인트**
> 음수의 제곱근의 성질
> (1) $a<0$, $b<0$이면 $\sqrt{a}\sqrt{b}=-\sqrt{ab}$
> (2) $a>0$, $b<0$이면 $\frac{\sqrt{a}}{\sqrt{b}}=-\sqrt{\frac{a}{b}}$

05 이차방정식 $x^2+2x+3=0$에서

$x=-1\pm\sqrt{1^2-1\times 3}=-1\pm\sqrt{2}i$

$\therefore x^2+2x+3=\{x-(-1+\sqrt{2}i)\}\{x-(-1-\sqrt{2}i)\}$

$=(x+1-\sqrt{2}i)(x+1+\sqrt{2}i)$

06 이차함수 $y=(x-a)^2$의 그래프와 직선 $y=2x+b$가 한 점에서 만나므로 이차방정식 $(x-a)^2=2x+b$,

즉 $x^2-2(a+1)x+a^2-b=0$의 판별식을 D라 하면

$\frac{D}{4}=(a+1)^2-(a^2-b)=0$

$a^2+2a+1-(a^2-b)=0$, $2a+1+b=0$
$\therefore 2a+b=-1$

07 나머지정리에 의하여 $f(1)=3$
다항식 $f(x)$를 $(x-2)^2$으로 나누었을 때의 몫을 $Q_1(x)$라 하면
$f(x)=(x-2)^2Q_1(x)+x+5$
$\therefore f(2)=7$
다항식 $f(x)$를 $(x-1)(x-2)$로 나누었을 때의 몫을 $Q_2(x)$, 나머지를 $ax+b$ (a, b는 상수)라 하면
$f(x)=(x-1)(x-2)Q_2(x)+ax+b$
이 식의 양변에 $x=1$, $x=2$를 각각 대입하면
$f(1)=a+b=3$ ……㉠
$f(2)=2a+b=7$ ……㉡
㉠, ㉡을 연립하여 풀면
$a=4$, $b=-1$
따라서 구하는 나머지는 $4x-1$이다.

08 x^4+px^2+q를 $(x-1)(x^2-3)$으로 나누었을 때의 몫을 $Q(x)$라 하면
$x^4+px^2+q=(x-1)(x^2-3)Q(x)$
이 식의 양변에 $x=1$을 대입하면
$1+p+q=0$
$\therefore p+q=-1$ ……㉠
양변에 $x^2=3$을 대입하면
$9+3p+q=0$
$\therefore 3p+q=-9$ ……㉡
㉠, ㉡을 연립하여 풀면
$p=-4$, $q=3$
$\therefore p+q=-1$

09 주어진 등식의 양변에
$x=1$을 대입하면 $c=0$
$x=0$을 대입하면
$4=-1+a-b+c$
$\therefore a-b=5$ ……㉠
$x=2$를 대입하면
$-2=1+a+b+c$
$\therefore a+b=-3$ ……㉡
㉠, ㉡을 연립하여 풀면 $a=1$, $b=-4$
$\therefore a^2+b^2+c^2=1+16+0=17$

10 주어진 이차방정식이 중근을 가지므로 판별식을 D라 하면
$\frac{D}{4}=(k-a)^2-(k^2+2k+a^2+3b+9)=0$
$-2ak-2k-3b-9=0$, $2(a+1)k+3(b+3)=0$
위 등식은 k에 대한 항등식이므로
$a+1=0$, $b+3=0$
따라서 $a=-1$, $b=-3$이므로 $ab=3$

11 근과 계수의 관계에 의하여
$\alpha+\beta=4$, $\alpha\beta=1$
한편, α, β가 이차방정식 $x^2-4x+1=0$의 근이므로
$\alpha^2-4\alpha+1=0$에서 $\alpha^2-2\alpha+1=2\alpha$
$\beta^2-4\beta+1=0$에서 $\beta^2-2\beta+1=2\beta$

$$\therefore \frac{\beta}{\alpha^2-2\alpha+1}+\frac{\alpha}{\beta^2-2\beta+1}=\frac{\beta}{2\alpha}+\frac{\alpha}{2\beta}=\frac{\alpha^2+\beta^2}{2\alpha\beta}$$
$$=\frac{(\alpha+\beta)^2-2\alpha\beta}{2\alpha\beta}$$
$$=\frac{16-2}{2}=7$$

12 $y=ax^2-2ax+b$
$=a(x-1)^2-a+b$

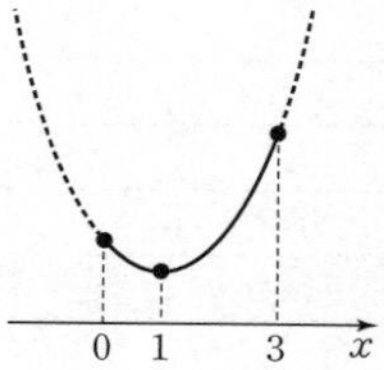

a는 양수이므로 그림과 같이 아래로 볼록한 그래프이다.
이때, $x=3$일 때 최댓값 $3a+b$,
$x=1$일 때 최솟값 $-a+b$이므로
$3a+b=8$, $-a+b=4$
두 식을 연립하여 풀면
$a=1$, $b=5$
$\therefore ab=5$

13 $z_1=\frac{\sqrt{2}}{1-i}=\frac{1+i}{\sqrt{2}}$, $z_1^2=i$, $z_1^3=\frac{i-1}{\sqrt{2}}$,
$z_1^4=-1$, $\cdots$, $z_1^8=1$, $\cdots$
$z_2=\frac{-1+\sqrt{3}i}{2}$, $z_2^2=\frac{-1-\sqrt{3}i}{2}$, $z_2^3=1$, $\cdots$
$z_1^n=z_2^n$을 만족시키는 자연수 n은 8과 3의 공배수이다.
따라서 자연수 n의 최솟값은 24이다.

14 이차방정식 $f(x+1)=0$의 두 근이 α, β이므로
$f(\alpha+1)=0$, $f(\beta+1)=0$
즉, 이차방정식 $f(x-1)=0$의 두 근은
$x-1=\alpha+1$ 또는 $x-1=\beta+1$
$\therefore x=\alpha+2$ 또는 $x=\beta+2$
따라서 $f(x-1)=0$의 두 근의 곱은
$(\alpha+2)(\beta+2)=\alpha\beta+2(\alpha+\beta)+4$
$=2+2\times3+4=12$

15 $x^2+2y^2=1$에서 $2y^2=1-x^2$
$2y^2\geq0$이므로 $1-x^2\geq0$
$\therefore -1\leq x\leq1$
이때, $2y^2=1-x^2$을 $4x+2y^2$에 대입하면
$4x+2y^2=4x+(1-x^2)$
$=-(x-2)^2+5$
이므로 $f(x)=-(x-2)^2+5$로 놓으면
$-1\leq x\leq1$에서 함수 $f(x)$의 그래프는 그림과 같다.

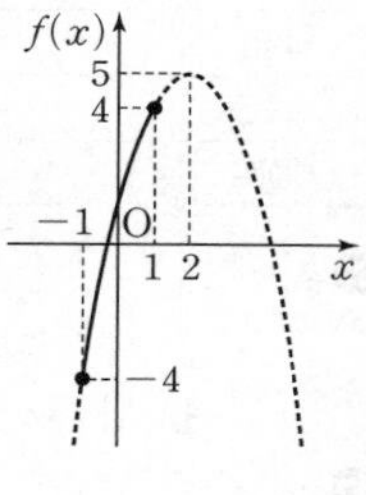

따라서 $x=1$일 때 최댓값은 4이고,
$x=-1$일 때 최솟값은 -4이다.
$\therefore Mm=4\times(-4)=-16$

16 이차방정식 $x^2+(a-4)x-1=0$의 두 근이 α, β이므로 근과 계수의 관계에 의하여

$\alpha+\beta=-a+4$ ······㉠

$\alpha\beta=-1$ ······㉡

이차방정식 $x^2+ax+b=0$의 두 근이 α, γ이므로 근과 계수의 관계에 의하여

$\alpha+\gamma=-a$ ······㉢

$\alpha\gamma=b$ ······㉣

㉠－㉢을 하면

$\beta-\gamma=4$이므로 $2\alpha=\beta-\gamma$에서

$2\alpha=4 \quad \therefore \alpha=2$

$\alpha=2$를 ㉠, ㉡, ㉢, ㉣에 각각 대입하여 풀면

$\beta=-\frac{1}{2}, \gamma=-\frac{9}{2}, a=\frac{5}{2}, b=-9$

$\therefore 4a-b=10-(-9)=19$

17 $\triangle ACB=\frac{1}{2}\overline{AB}\times\overline{OC}$이므로

$8=\frac{1}{2}\times\overline{AB}\times2 \quad \therefore \overline{AB}=8$

그런데 두 점 A, B는 직선 $x=3$에 대하여 대칭이므로

$A(-1, 0)$, $B(7, 0)$

즉, $y=f(x)$의 그래프가 x축과 두 점 $(-1, 0)$, $(7, 0)$에서 만나므로

$f(x)=a(x+1)(x-7)$로 놓으면

$f(0)=-2$이므로

$-2=-7a \quad \therefore a=\frac{2}{7}$

따라서 $f(x)=\frac{2}{7}(x+1)(x-7)$이므로

$f(6)=\frac{2}{7}\times7\times(-1)=-2$

18 몫을 $g(x)$라고 하면

$x^3-ax^2-(b+1)x+b^2-2=(x-a)^2g(x)-x-2$

$\therefore x^3-ax^2-bx+b^2=(x-a)^2g(x)$ ······㉠

양변에 $x=a$를 대입하면 $a^3-a^3-ba+b^2=0$

$\therefore b^2=ab$ ······㉡

㉠의 양변에 ㉡을 대입하면

$x^3-ax^2-bx+ab=(x-a)^2g(x)$

$x^2(x-a)-b(x-a)=(x-a)^2g(x)$

양변을 $x-a$로 나누면 $x^2-b=(x-a)g(x)$

양변에 $x=a$를 대입하면 $a^2-b=0$ ······㉢

㉡, ㉢을 연립하여 풀면 $a=1$, $b=1$ ($\because a>0, b>0$)

따라서 $a=1$, $b=1$을 $x^2-b=(x-a)g(x)$에 대입하면

$g(x)=x+1$ (단, $x\neq1$)이므로

$g(5)=6$

19 $z=(1+i)x^2-(1+2i)x-2-3i$

$=(x^2-x-2)+(x^2-2x-3)i$ ······㉮

복소수 z가 실수이어야 하므로

$x^2-2x-3=0$, $(x+1)(x-3)=0$

$\therefore x=-1$ 또는 $x=3$ ······㉯

(i) $x=-1$일 때, $z=0$이므로 z^2은 양의 실수가 아니다.

(ii) $x=3$일 때, $z=4$이므로 z^2은 양의 실수이다.

(i), (ii)에서 $x=3$ ······㉰

채점 기준	배점
㉮ $z=(x^2-x-2)+(x^2-2x-3)i$로 정리하기	2점
㉯ $x^2-2x-3=0$임을 인식하기	2점
㉰ 답 구하기	2점

20 $a(b+c)^2+b(c+a)^2+c(a+b)^2-4abc$

$=a(b^2+2bc+c^2)+b(c^2+2ca+a^2)+c(a^2+2ab+b^2)-4abc$

$=ab^2+2abc+ac^2+bc^2+2abc+a^2b+a^2c+2abc+b^2c-4abc$

$=(b+c)a^2+(b^2+2bc+c^2)a+b^2c+bc^2$ ······㉮

$=(b+c)a^2+(b+c)^2a+bc(b+c)$

$=(b+c)\{a^2+(b+c)a+bc\}$

$=(b+c)(a+b)(a+c)$

$=(a+b)(b+c)(c+a)$ ······㉯

채점 기준	배점
㉮ 한 문자에 대하여 정리하기	3점
㉯ 답 구하기	3점

21

-2	2	6	3	4
		-4	-4	2
-2	2	2	-1	6
		-4	4	
-2	2	-2	3	
		-4		
	2	-6		

······㉮

$\therefore f(x)=2(x+2)^3-6(x+2)^2+3(x+2)+6$ ······㉯

$\therefore f(98)=2\times100^3-6\times100^2+3\times100+6$

$=1940306$ ······㉰

채점 기준	배점
㉮ 조립제법 이용하기	2점
㉯ $f(x)=2(x+2)^3-6(x+2)^2+3(x+2)+6$ 구하기	2점
㉰ 답 구하기	2점

핵심 포인트

조립제법을 이용하여 함수 $f(x)$를 구한다.

22 $z^2+\bar{z}=(a+bi)^2+(a-bi)$

$=(a^2-b^2+a)+(2ab-b)i=0$

에서

$a^2-b^2+a=0$ ······㉠

$2ab-b=0$, $b(2a-1)=0$

이때, $b>0$이므로 $a=\frac{1}{2}$

㉠에서 $b^2=\frac{3}{4} \quad \therefore b=\frac{\sqrt{3}}{2}$ ($\because b>0$) ······㉮

$\therefore z=\frac{1+\sqrt{3}i}{2}$

$2z-1=\sqrt{3}i$의 양변을 제곱하여 정리하면

$z^2-z+1=0$

양변에 $z+1$을 곱하면 $z^3+1=0$

$\therefore z^3=-1, z^6=1$

$z^2+1=z$이므로 z^n이 정수이려면 n은 3의 배수이어야 한다. ……㉯

따라서 50 이하의 자연수 중 3의 배수의 개수는 16이다. ……㉰

채점 기준	배점
㉮ a, b의 값 구하기	2점
㉯ n이 3의 배수임을 구하기	3점
㉰ 답 구하기	3점

23 $(x-1)P(x-2)=(x-7)P(x)$에 $x=1$을 대입하면

$0\times P(-1)=-6P(1)$ $\quad\therefore P(1)=0$

또, $x=7$을 대입하면 $6P(5)=0\times P(7)$

$\therefore P(5)=0$ ……㉮

따라서 $x=1$, $x=5$는 $P(x)$의 두 근이다.

$P(x)$는 삼차다항식이므로 이차다항식 x^2-4x+2로 나눌 때의 몫을 $ax+b$ (a, b는 상수)라고 하면 나머지가 $2x-10$이므로

$P(x)=(x^2-4x+2)(ax+b)+2x-10$ ……㉠

이때, $P(1)=0$이므로 ㉠에 $x=1$을 대입하면

$0=-(a+b)-8$

$\therefore a+b=-8$ ……㉡

또, $P(5)=0$이므로 ㉠에 $x=5$를 대입하면

$0=7(5a+b)$

$\therefore 5a+b=0$ ……㉢

㉡, ㉢을 연립하여 풀면

$a=2, b=-10$

따라서 $P(x)=(x^2-4x+2)(2x-10)+2x-10$이므로 ……㉯

$P(10)=(100-40+2)(20-10)+20-10=630$ ……㉰

채점 기준	배점
㉮ $P(1)=0$, $P(5)=0$임을 알기	2점
㉯ $P(x)=(x^2-4x+2)(2x-10)+2x-10$으로 놓기	3점
㉰ 답 구하기	3점

20○○학년도 1학년 1학기 중간고사(10회)

01 ③	02 ④	03 ④	04 ⑤	05 ②
06 ④	07 ①	08 ⑤	09 ②	10 ①
11 ①	12 ⑤	13 ②	14 ⑤	15 ③
16 ①	17 ②	18 ④	19 $-\frac{5}{2}$	20 0
21 39801	22 35	23 22		

01 $A+2B=x^2+5x-4$ ……㉠

$A-B=-2x^2-x+8$ ……㉡

㉠−㉡을 하면

$3B=3x^2+6x-12$

$\therefore B=x^2+2x-4$ ……㉢

㉢을 ㉡에 대입하여 정리하면

$A=-x^2+x+4$ ……㉣

㉢+㉣을 하면

$A+B=3x$

$\therefore a=0, b=3, c=0$

$\therefore a+b+c=3$

02 이차방정식의 근과 계수의 관계에 의하여

$\alpha+\beta=-4, \alpha\beta=a$

$\alpha^3+\beta^3=(\alpha+\beta)^3-3\alpha\beta(\alpha+\beta)$에서

$\alpha^3+\beta^3=(-4)^3-3\times a\times(-4)$

$=12a-64$

$\therefore (\alpha^2+\beta)(\alpha+\beta^2)=\alpha^3+\alpha^2\beta^2+\alpha\beta+\beta^3$

$=\alpha^3+\beta^3+(\alpha\beta)^2+\alpha\beta$

$=12a-64+a^2+a$

$=a^2+13a-64$

즉, $(\alpha^2+\beta)(\alpha+\beta^2)=\alpha\beta$에서

$a^2+13a-64=a$

$a^2+12a-64=0, (a+16)(a-4)=0$

$\therefore a=4$ ($\because a>0$)

03 이차함수 $y=-x^2+ax+b$가 $x=1$에서 최댓값 3을 가지므로

$y=-x^2+ax+b=-(x-1)^2+3$

$=-x^2+2x+2$

$\therefore a=2, b=2$

$\therefore a+b=4$

> **핵심 포인트**
> 이차함수 $y=ax^2+bx+c$의 최댓값, 최솟값은 $y=a(x-m)^2+n$ 꼴로 변형하여 구한다.

04 이차방정식의 근과 계수의 관계에 의하여

$\alpha+\beta=6, \alpha\beta=6$

또 α, β는 이차방정식 $x^2-6x+6=0$의 근이므로

$\alpha^2-6\alpha+6=0$에서

$\alpha^2-\alpha+1=5\alpha-5$

$\beta^2-6\beta+6=0$에서
$\beta^2+\beta-1=7\beta-7$
$\therefore (\alpha^2-\alpha+1)(\beta^2+\beta-1)=(5\alpha-5)(7\beta-7)$
$=35(\alpha-1)(\beta-1)$
$=35\alpha\beta-35(\alpha+\beta)+35$
$=35\times6-35\times6+35=35$

05 $x^2+2(5-k)x+k^2=0$의 판별식을 D_1이라 하면 실근을 가지므로
$\frac{D_1}{4}=(5-k)^2-k^2\ge0$
$-10k+25\ge0 \quad \therefore k\le\frac{5}{2}$ ······㉠
$x^2+x+k=0$의 판별식을 D_2라 하면 허근을 가지므로
$D_2=1^2-4\times1\times k<0 \quad \therefore k>\frac{1}{4}$ ······㉡
㉠, ㉡에서 실수 k의 값의 범위는 $\frac{1}{4}<k\le\frac{5}{2}$
따라서 이 조건을 만족하는 정수 k는 1, 2이므로
$1\times2=2$

06 $x^2-(k^2-3k-4)x+2-k=0$의 두 실근의 절댓값이 같고 서로 부호가 다르므로
(두 근의 합)$=k^2-3k-4=0$ ······㉠
(두 근의 곱)$=2-k<0$ ······㉡
㉠에서 $k^2-3k-4=0$, $(k+1)(k-4)=0$
$\therefore k=-1$ 또는 $k=4$ ······㉢
㉡에서 $2-k<0$
$\therefore k>2$ ······㉣
㉢, ㉣에 의하여 $k=4$

07 $a+b+c=1$에서
$a+b=1-c,\ b+c=1-a,\ c+a=1-b$이므로
$(a+b)(b+c)(c+a)$
$=(1-c)(1-a)(1-b)$
$=1-(a+b+c)+ab+bc+ca-abc$
$=1-1+10-9=1$

08 나머지정리에 의하여
$f(1)=4,\ f(-1)=4$
$(2x^2+x)f(x)$를 x^2-1로 나누었을 때의 몫을 $Q(x)$라 하고 나머지를 $ax+b$ (a, b는 상수)로 놓으면
$(2x^2+x)f(x)=(x+1)(x-1)Q(x)+ax+b$
이 식의 양변에 $x=1$, $x=-1$을 각각 대입하면
$3f(1)=a+b=12$ ······㉠
$f(-1)=-a+b=4$ ······㉡
㉠, ㉡을 연립하여 풀면 $a=4$, $b=8$
따라서 구하는 나머지는 $4x+8$이다.

09 $z=a+bi$ (a, b는 실수)라 하면 $\bar{z}=a-bi$
조건 (가)에서
$z+(1-2i)=(a+bi)+(1-2i)$
$=(a+1)+(b-2)i$
는 양의 실수이므로
$a+1>0,\ b-2=0$
$\therefore a>-1,\ b=2$
조건 (나)에서
$z\bar{z}=(a+bi)(a-bi)$
$=a^2+b^2=8$ ······㉠
$b=2$를 ㉠에 대입하면
$a^2+4=8,\ a^2=4$
$\therefore a=2\ (\because a>-1)$
따라서 $z=2+2i$이므로
$z+\bar{z}=(2+2i)+(2-2i)=4$

10 $z=a+bi$ (a, b는 실수)로 놓으면 $\bar{z}=a-bi$이므로
ㄱ. $z\bar{z}=(a+bi)(a-bi)=a^2+b^2=0$
$\therefore z=0\ (\because a=b=0)$
따라서 $z\bar{z}=0$이면 $z=0$이다. (참)
ㄴ. $z^2+\bar{z}^2=(a+bi)^2+(a-bi)^2$
$=2(a^2-b^2)=0$
따라서 $b=\pm a$이므로 $z=a\pm ai$이다. (거짓)
ㄷ. $z=-\bar{z}$이므로 $a+bi=-(a-bi)$
$\therefore a=0$
따라서 $z=bi$이므로 z는 실수가 아니다. (거짓)
따라서 옳은 것은 ㄱ뿐이다.

11 이차방정식 $(k-1)x^2-2(k+1)x+(k+2)=0$의 판별식을 D라 하면
$\frac{D}{4}=(k+1)^2-(k-1)(k+2)>0$
$k+3>0 \quad \therefore k>-3$ ······㉠
그런데 $y=(k-1)x^2-2(k+1)x+(k+2)$는 이차함수이므로
$k-1\ne0 \quad \therefore k\ne1$ ······㉡
㉠, ㉡에서 $-3<k<1$, $k>1$
따라서 5 이하의 정수 k는 $-2, -1, 0, 2, 3, 4, 5$이므로
$(-2)+(-1)+0+2+3+4+5=11$

12 조건 (가)에서 이차함수 $y=x^2+kx+k$의 그래프가 x축에 접하므로 이차방정식 $x^2+kx+k=0$의 판별식을 D_1이라 하면
$D_1=k^2-4k=0,\ k(k-4)=0$
$\therefore k=0$ 또는 $k=4$ ······㉠
또 조건 (나)에서 이차함수 $y=x^2+kx+k$의 그래프가 직선 $y=kx+1$과 만나지 않으므로 이차방정식
$x^2+kx+k=kx+1$, 즉 $x^2+k-1=0$의 판별식을 D_2라 하면
$D_2=-4(k-1)<0$
$\therefore k>1$ ······㉡
㉠, ㉡에서 $k=4$

13 $a+b=1$에서 $b=1-a$이므로 $a^2+b^2=-1$에 대입하면
$a^2+(1-a)^2=-1$
$a^2+(1-2a+a^2)=-1$
$2a^2-2a+2=0$
$\therefore a^2-a+1=0$

위의 식의 양변에 $a+1$을 곱하면

$(a+1)(a^2-a+1)=0$

$a^3+1=0 \quad \therefore a^3=-1$

같은 방법으로 하면

$b^3=-1$

$\therefore a^{26}+b^{38}=(a^3)^8\times a^2+(b^3)^{12}\times b^2$

$=a^2+b^2$

$=-1$

14 주어진 식을 a에 대하여 내림차순으로 정리하면

$a^3(b-c)+b^3(c-a)+c^3(a-b)$

$=a^3b-a^3c+b^3c-b^3a+c^3a-c^3b$

$=(b-c)a^3-(b^3-c^3)a+bc(b^2-c^2)$

$=(b-c)a^3-(b-c)(b^2+bc+c^2)a+bc(b-c)(b+c)$

$=(b-c)\{a^3-(b^2+bc+c^2)a+bc(b+c)\}$

위의 식을 b에 대하여 내림차순으로 정리하면

$(b-c)(a^3-ab^2-abc-ac^2+b^2c+bc^2)$

$=(b-c)\{(c-a)b^2+c(c-a)b-a(c^2-a^2)\}$

$=(b-c)\{(c-a)b^2+c(c-a)b-a(c+a)(c-a)\}$

$=(b-c)(c-a)(b^2+bc-ac-a^2)$

$=(b-c)(c-a)\{(b-a)c+(b^2-a^2)\}$

$=(b-c)(c-a)\{(b-a)c+(b-a)(b+a)\}$

$=(b-c)(c-a)(b-a)(a+b+c)$

$=-(a-b)(b-c)(c-a)(a+b+c)$

따라서 인수가 아닌 것은 ⑤ $a-b-c$이다.

15 $\dfrac{1+i}{1-i}=\dfrac{(1+i)^2}{(1-i)(1+i)}=\dfrac{2i}{2}=i$

$\dfrac{1-i}{1+i}=\dfrac{(1-i)^2}{(1+i)(1-i)}=\dfrac{-2i}{2}=-i$

$\therefore f(1)+f(2)+f(3)+\cdots+f(50)$

$=\left\{\left(\dfrac{1+i}{1-i}\right)^1+\left(\dfrac{1-i}{1+i}\right)^2\right\}+\left\{\left(\dfrac{1+i}{1-i}\right)^3+\left(\dfrac{1-i}{1+i}\right)^4\right\}+\cdots$

$+\left\{\left(\dfrac{1+i}{1-i}\right)^{99}+\left(\dfrac{1-i}{1+i}\right)^{100}\right\}$

$=i+(-i)^2+i^3+(-i)^4+i^5+(-i)^6+\cdots+i^{99}+(-i)^{100}$

$=i+i^2+i^3+i^4+i^5+i^6+\cdots+i^{99}+i^{100}$

$=(i-1-i+1)+(i-1-i+1)+\cdots+(i-1-i+1)$

$=0$

> **핵심 포인트**
>
> 분모에 허수가 있으면 분모의 켤레복소수를 분모, 분자에 각각 곱하여 계산한다.

16 $f(x)$를 x^4+2x^3+5x+2로 나눈 몫을 $Q(x)$라고 하면

$f(x)=(x^4+2x^3+5x+2)Q(x)+x^3-4x^2-11x+3$ ······㉠

$f(x)$를 x^2+3x+1로 나눈 나머지를 $ax+b$ (a, b는 상수)라고 하면

$f(x)=(x^2+3x+1)(2x^3+x^2+2x-1)+ax+b$ ······㉡

㉡에서 $f(x)$는 최고차항이 $2x^5$이므로 ㉠에서

$Q(x)=2x+c$ (c는 상수)로 놓을 수 있다.

$\therefore f(x)=(x^4+2x^3+5x+2)(2x+c)+x^3-4x^2-11x+3$ ······㉢

㉡, ㉢에서 x^4의 항은 $x^4+6x^4=cx^4+4x^4$

x^4의 계수를 비교하면 $c=3$

$\therefore f(x)=(x^4+2x^3+5x+2)(2x+3)+x^3-4x^2-11x+3$

$\therefore f(-1)=(-4)\times1-1-4+11+3=5$

17 그림과 같이 $\overline{AB}=c$, $\overline{BC}=a$, $\overline{CA}=b$라 하면

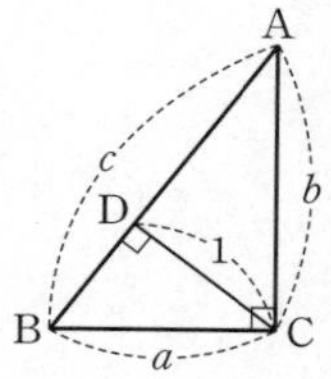

삼각형 ABC의 넓이 $\dfrac{1}{2}ab=\dfrac{1}{2}c$에서

$ab=c$ ······㉠

삼각형 ABC의 세 변의 길이의 합이 5이므로

$a+b+c=5$

$\therefore a+b=5-c$ ······㉡

한편, 직각삼각형 ABC에서 피타고라스 정리에 의하여

$c^2=a^2+b^2$

$c^2=(a+b)^2-2ab$

㉠, ㉡을 대입하면

$c^2=(5-c)^2-2c$

$c^2=25-10c+c^2-2c$

$12c=25 \quad \therefore c=\dfrac{25}{12}$

따라서 삼각형 ABC의 넓이는

$\dfrac{1}{2}\times\dfrac{25}{12}\times1=\dfrac{25}{24}$

18 모든 실수 x에 대하여 $f(2-x)=f(2+x)$이므로 이차함수 $y=f(x)$의 그래프는 직선 $x=2$에 대하여 대칭이다.

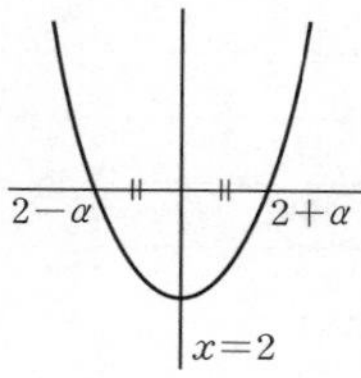

$y=f(x)$의 그래프가 직선 $x=2$에 대하여 대칭이므로 한 실근이 $2-\alpha$이면 다른 한 실근은 $2+\alpha$이다. 따라서 $f(x)=0$의 두 실근의 합은 4이다.

두 근의 합이 4이므로 한 실근이 α이면 다른 한 실근은 $4-\alpha$이다.

이때, 두 근의 곱은

$\alpha(4-\alpha)=-\alpha^2+4\alpha=-(\alpha-2)^2+4$

따라서 두 실근의 곱의 최댓값은 4이다.

19 $x+y=\dfrac{1+\sqrt{7}i}{2}+\dfrac{1-\sqrt{7}i}{2}=\dfrac{2}{2}=1$

$xy=\left(\dfrac{1+\sqrt{7}i}{2}\right)\left(\dfrac{1-\sqrt{7}i}{2}\right)=2$ ······㉮

$\therefore \dfrac{x^2}{y}+\dfrac{y^2}{x}=\dfrac{x^3+y^3}{xy}$

$=\dfrac{(x+y)^3-3xy(x+y)}{xy}$

$=\dfrac{1-3\times2\times1}{2}=-\dfrac{5}{2}$ ······㉯

채점 기준	배점
㉮ $x+y=1$, $xy=2$ 구하기	3점
㉯ 답 구하기	3점

20 주어진 등식의 양변에 $x=-1$을 대입하면 $a_0=1$ ……㉮

또 주어진 등식의 양변에 $x=0$을 대입하면

$1=a_{10}+a_9+\cdots+a_1+a_0$

$\therefore a_1+a_2+\cdots+a_9+a_{10}=0\,(\because a_0=1)$ ……㉯

채점 기준	배점
㉮ $a_0=1$ 구하기	3점
㉯ 답 구하기	3점

21 $200=x$로 놓으면 $40000=200^2=x^2$ ……㉮

$$\therefore \frac{40000\times40001+1}{40201}=\frac{200^2(200^2+1)+1}{200^2+200+1}$$
$$=\frac{x^2(x^2+1)+1}{x^2+x+1}$$
$$=\frac{x^4+x^2+1}{x^2+x+1}$$
$$=\frac{(x^2+x+1)(x^2-x+1)}{x^2+x+1}$$
$=x^2-x+1$ ……㉯

$=40000-200+1$

$=39801$ ……㉰

채점 기준	배점
㉮ $200=x$로 놓기	2점
㉯ (주어진 식)$=x^2-x+1$ 구하기	2점
㉰ 답 구하기	2점

22 점 B, C는 $y=x^2+x-6$의 그래프와 x축의 교점이므로

$x^2+x-6=0$, $(x+3)(x-2)=0$

$\therefore x=-3$ 또는 $x=2$

따라서 $B(-3, 0)$, $C(2, 0)$이므로 $\overline{BC}=5$

또 점 A는 $y=x^2+x-6$의 그래프와 y축의 교점이므로

$A(0,-6)$ ……㉮

(직선 AB의 기울기)$=\dfrac{0-(-6)}{-3-0}=-2$

따라서 직선 CD는 기울기가 -2이므로 직선 CD의 방정식을 $y=-2x+b$로 놓을 수 있다. 이 직선이 점 $C(2, 0)$을 지나므로

$0=-4+b$에서 $b=4$

즉, 직선 CD의 방정식은

$y=-2x+4$

$y=-2x+4$와 $y=x^2+x-6$을 연립하여 풀면

$-2x+4=x^2+x-6$

$x^2+3x-10=0$, $(x-2)(x+5)=0$

$\therefore x=2$ 또는 $x=-5$

점 D는 직선 $y=-2x+4$ 위의 점이므로

$D(-5, 14)$ ……㉯

$\therefore \triangle BCD=\dfrac{1}{2}\times5\times14=35$ ……㉰

채점 기준	배점
㉮ 세 점 A, B, C의 좌표 구하기	3점
㉯ 점 D의 좌표 구하기	3점
㉰ 답 구하기	2점

23 (가)에서 $xf(x-1)$을 $x-2$로 나눈 몫을 $Q_1(x)$라 하면

$xf(x-1)=(x-2)Q_1(x)+12$

나머지정리에 의하여

$2f(1)=12 \quad \therefore f(1)=6$ ……㉮

(나)에서 $(x+2)f(x+1)$을 $x-1$로 나눈 몫을 $Q_2(x)$라 하면

$(x+2)f(x+1)=(x-1)Q_2(x)+30$

나머지정리에 의하여

$3f(2)=30 \quad \therefore f(2)=10$ ……㉯

$f(x)$를 $x^2-3x+2=(x-1)(x-2)$로 나눈 몫을 $Q(x)$, 나머지를 $R(x)=ax+b$ (a, b는 상수)라 하면

$f(x)=(x-1)(x-2)Q(x)+ax+b$

$f(1)=6$이므로 $f(1)=a+b=6$ ……㉠

$f(2)=10$이므로 $f(2)=2a+b=10$ ……㉡

㉠, ㉡을 연립하여 풀면 $a=4$, $b=2$

따라서 $R(x)=4x+2$이므로

$R(5)=4\times5+2=22$ ……㉰

채점 기준	배점
㉮ $f(1)=6$ 구하기	2점
㉯ $f(2)=10$ 구하기	2점
㉰ 답 구하기	4점

[부록 1회] 고차방정식

01 ③	02 ③	03 ②	04 ④	05 ①
06 ⑤	07 3	08 12		

01 $f(x)=x^3+x^2+4x-6$으로 놓으면
$f(1)=0$이므로 조립제법을 이용하여
$f(x)$를 인수분해하면

1	1	1	4	-6
		1	2	6
	1	2	6	0

$f(x)=(x-1)(x^2+2x+6)$
즉, $(x-1)(x^2+2x+6)=0$에서
이차방정식 $x^2+2x+6=0$의 두 허근이 α, β이므로 근과 계수의 관계에 의하여
$\alpha+\beta=-2$, $\alpha\beta=6$
$\therefore \alpha^2+\beta^2=(\alpha+\beta)^2-2\alpha\beta$
$=4-12=-8$

02 $f(x)=2x^3-2x^2-kx+k$로 놓으면
$f(1)=0$이므로 조립제법을
이용하여 $f(x)$를 인수분해하면

1	2	-2	$-k$	k
		2	0	$-k$
	2	0	$-k$	0

$f(x)=(x-1)(2x^2-k)$
이때, 방정식 $f(x)=0$이 한 개의
실근과 두 개의 허근을 가지려면 방정식 $2x^2-k=0$이 허근을 가져야 한다.
따라서 이차방정식 $2x^2-k=0$의 판별식을 D라 하면
$D=4\times 2k<0$ $\quad\therefore k<0$

03 $f(x)=x^3-7x+6$으로 놓으면
$f(1)=0$이므로 조립제법을 이용하여 $f(x)$를 인수분해하면

1	1	0	-7	6
		1	1	-6
	1	1	-6	0

$f(x)=(x-1)(x^2+x-6)=(x-1)(x+3)(x-2)$
즉, 주어진 방정식은 $(x+3)(x-1)(x-2)=0$
$\therefore x=-3$ 또는 $x=1$ 또는 $x=2$
따라서 $\alpha=2$, $\beta=1$, $\gamma=-3$ ($\because \alpha>\beta>\gamma$)이므로
$\alpha+3\beta-2\gamma=11$

04 $x^3+1=0$에서 $(x+1)(x^2-x+1)=0$이므로
$\omega^3=-1$, $\omega^2-\omega+1=0$
$\therefore 1+\omega-\omega^3-\omega^5=1+\omega-\omega^3(1+\omega^2)$
$=1+\omega+\omega=2\omega+1$

> **핵심 포인트**
>
> 방정식 $x^3=-1$의 허근의 성질
> $x^3+1=0$에서 $(x+1)(x^2-x+1)=0$이므로
> $x^3=-1$의 한 허근 ω에 대하여 ($\overline{\omega}$는 ω의 켤레복소수)
> (1) $\omega^3=-1$, $\omega^2-\omega+1=0$
> (2) $\omega+\overline{\omega}=1$, $\omega\overline{\omega}=1$
> (3) $\omega^2=-\overline{\omega}=-\dfrac{1}{\omega}$

05 $x^3=1$에서 $(x-1)(x^2+x+1)=0$이므로
$\omega^3=1$, $\omega^2+\omega+1=0$
$\dfrac{1}{\omega}=\dfrac{\omega^2}{\omega^3}=\omega^2$, $\dfrac{1}{\omega^2}=\dfrac{\omega}{\omega^3}=\omega$
$\therefore \omega+\dfrac{1}{\omega}=\omega+\omega^2=-1$, $\omega^2+\dfrac{1}{\omega^2}=\omega^2+\omega=-1$,
$\omega^3+\dfrac{1}{\omega^3}=1+1=2$, $\omega^4+\dfrac{1}{\omega^4}=\omega+\dfrac{1}{\omega}=-1$, $\cdots$,
$\omega^9+\dfrac{1}{\omega^9}=\omega^3+\dfrac{1}{\omega^3}=1+1=2$
$\therefore \left(\omega+\dfrac{1}{\omega}\right)^2+\left(\omega^2+\dfrac{1}{\omega^2}\right)^2+\left(\omega^3+\dfrac{1}{\omega^3}\right)^2+\cdots+\left(\omega^9+\dfrac{1}{\omega^9}\right)^2$
$=\{(-1)^2+(-1)^2+2^2\}\times 3=18$

06 ㄱ. $x^3+1=(x+1)(x^2-x+1)=0$에서 α는 이차방정식 $x^2-x+1=0$의 근이므로 $\alpha^2-\alpha+1=0$ (참)
ㄴ. α가 $x^2-x+1=0$의 근이므로 $\overline{\alpha}$도 근이 된다.
이차방정식의 근과 계수의 관계에 의하여
$\alpha+\overline{\alpha}=\alpha\overline{\alpha}=1$ (참)
ㄷ. $(1-\alpha)^3=(1-\alpha)^9=\cdots=-1$
$(1-\alpha)^6=(1-\alpha)^{12}=\cdots=1$
$\therefore (1-\alpha)^{3n}=(-1)^n$ (참)
따라서 ㄱ, ㄴ, ㄷ 모두 옳다.

07 $x(x-1)(x+1)(x+2)=8$에서
$\{(x-1)(x+2)\}\{x(x+1)\}=8$
$(x^2+x-2)(x^2+x)=8$
이때, $x^2+x=t$로 치환하면 $(t-2)t=8$
$t^2-2t-8=0$ ······㉮
$(t-4)(t+2)=0$
$\therefore t=4$ 또는 $t=-2$
(i) $t=4$일 때, $x^2+x-4=0$
이때, 이차방정식 $x^2+x-4=0$의 판별식을 D_1이라 하면
$D_1=1+16=17>0$이므로 두 실근을 갖고 근과 계수의 관계에 의하여 두 실근의 합은 -1이다.
$\therefore a=-1$
(ii) $t=-2$일 때, $x^2+x+2=0$
이때, 이차방정식 $x^2+x+2=0$의 판별식을 D_2라 하면
$D_2=1-8=-7<0$이므로 두 허근을 갖고 근과 계수의 관계에 의하여 두 허근의 곱은 2이다.
$\therefore b=2$
(i), (ii)에 의하여
$a+2b=3$ ······㉯

채점 기준	배점
㉮ $t^2-2t-8=0$ 구하기	3점
㉯ 답 구하기	3점

> **핵심 포인트**
>
> 치환을 이용한 고차방정식의 풀이
> ① 공통부분을 X로 치환한다.
> ② X에 대한 이차방정식을 푼다.

08 주어진 방정식의 양변을 x^2으로 나누면

$x^2+x+2+\frac{1}{x}+\frac{1}{x^2}=0$

$x^2+\frac{1}{x^2}+\left(x+\frac{1}{x}\right)+2=0$

$\left(x+\frac{1}{x}\right)^2-2+\left(x+\frac{1}{x}\right)+2=0$

$\therefore \left(x+\frac{1}{x}\right)^2+\left(x+\frac{1}{x}\right)=0$ ……㉮

$x+\frac{1}{x}=t$로 치환하면

$t^2+t=0,\ t(t+1)=0 \quad \therefore t=0$ 또는 $t=-1$

$\therefore x+\frac{1}{x}=0$ 또는 $x+\frac{1}{x}+1=0$

이때, $x=0$은 주어진 방정식의 해가 아니므로 양변에 x를 곱하면

$x^2+1=0$ 또는 $x^2+x+1=0$

두 이차방정식이 모두 허근을 가지므로

(i) $x^2+1=0$의 한 허근을 α라 하면

$\alpha^2+1=0,\ \alpha^2=-1 \quad \therefore \alpha^4=1$

(ii) $x^2+x+1=0$의 한 허근을 α라 하면

$\alpha^2+\alpha+1=0$

$\alpha^2+\alpha+1=0$의 양변에 $\alpha-1$을 곱하면

$(\alpha-1)(\alpha^2+\alpha+1)=0 \quad \therefore \alpha^3=1$ ……㉯

따라서 (i), (ii)에서 임의의 α에 대하여 $\alpha^n=1$을 만족하는 n의 최솟값은 12이다. ……㉰

채점 기준	배점
㉮ $\left(x+\frac{1}{x}\right)^2+\left(x+\frac{1}{x}\right)=0$으로 놓기	3점
㉯ $\alpha^4=1,\ \alpha^3=1$ 구하기	3점
㉰ 답 구하기	2점

[부록 2회] 고차방정식

01 ⑤	**02** ③	**03** ①	**04** ④	**05** ②
06 ①	**07** 3	**08** 15		

01 삼차방정식 $x^3-x^2+ax+b=0$의 계수가 실수이므로 한 근이 $2+i$이면 $2-i$도 근이다.

나머지 한 근을 α라 하면 삼차방정식의 근과 계수의 관계에 의하여

$(2+i)+(2-i)+\alpha=1 \quad \therefore \alpha=-3$

$(2+i)(2-i)+(2-i)(-3)+(-3)(2+i)=a$

$\therefore a=-7$

$(2+i)(2-i)(-3)=-b \quad \therefore b=15$

$\therefore a+b=8$

[다른 풀이 1]

한 근이 $2+i$이므로 주어진 방정식에 대입하면

$(2+i)^3-(2+i)^2+a(2+i)+b=0$

$(2+11i)-(3+4i)+(2a+ai)+b=0$

$(-1+2a+b)+(7i+ai)=0$

따라서 $2a+b-1=0,\ a=-7$이므로

$a+b=8$

[다른 풀이 2]

한 근이 $x=2+i$이므로 $x-2=i$

$(x-2)^2=i^2,\ x^2-4x+4=-1 \quad \therefore x^2-4x+5=0$

다항식 x^2-4x+5는 x^3-x^2+ax+b의 인수이므로 직접 나누어서 구한 나머지 $(a+7)x+(b-15)$가 0이어야 한다.

따라서 $a=-7,\ b=15$이므로

$a+b=8$

핵심 포인트

삼차방정식의 켤레근

삼차방정식 $ax^3+bx^2+cx+d=0$에서

(1) 계수가 유리수일 때 한 근이 무리수 $p+q\sqrt{m}$이면 $p-q\sqrt{m}$도 근이다. (단, p, q는 유리수)

(2) 계수가 실수일 때 한 근이 허수 $p+qi$이면 $p-qi$도 근이다. (단, p, q는 실수, $i=\sqrt{-1}$)

02 주어진 삼차방정식이 중근을 가지므로

(i) $x^2-6x+a=0$의 한 근이 5인 경우

$25-30+a=0 \quad \therefore a=5$

(ii) $x^2-6x+a=0$이 중근을 갖는 경우

이차방정식 $x^2-6x+a=0$의 판별식을 D라 하면

$\frac{D}{4}=9-a=0 \quad \therefore a=9$

(i), (ii)에 의하여 실수 a의 모든 값의 합은 $5+9=14$

03 $f(x)=x^4+2x^3+3x^2-2x-4$로 놓으면 $f(1)=0$, $f(-1)=0$이므로 조립제법을 이용하여 $f(x)$를 인수분해하면

$$\begin{array}{r|rrrrr} 1 & 1 & 2 & 3 & -2 & -4 \\ & & 1 & 3 & 6 & 4 \\ \hline -1 & 1 & 3 & 6 & 4 & 0 \\ & & -1 & -2 & -4 & \\ \hline & 1 & 2 & 4 & 0 & \end{array}$$

$\therefore f(x)=(x-1)(x+1)(x^2+2x+4)$

즉, 주어진 방정식은 $(x+1)(x-1)(x^2+2x+4)=0$

이때, 이차방정식 $x^2+2x+4=0$의 두 허근이 α, β이므로

근과 계수의 관계에 의하여

$\alpha+\beta=-2,\ \alpha\beta=4$

$\therefore \alpha^2+\beta^2=(\alpha+\beta)^2-2\alpha\beta=-4$

04 ω가 $x^3=-1$의 한 허근이므로 $\omega^3=-1,\ \omega^2-\omega+1=0$

$$\therefore \frac{\omega}{1-\omega}-\frac{\omega^2}{1+\omega^2}=\frac{\omega(1+\omega^2)-\omega^2(1-\omega)}{(1-\omega)(1+\omega^2)}$$

$$=\frac{\omega+\omega^3-\omega^2+\omega^3}{1-\omega+\omega^2-\omega^3}$$

$$=\frac{-2+\omega-\omega^2}{2-\omega+\omega^2}$$

$$=\frac{-2+1}{2-1}=-1$$

05 $\alpha=\dfrac{-1+\sqrt{3}i}{2}$에서 $2\alpha+1=\sqrt{3}i$

양변을 제곱하여 정리하면 $\alpha^2+\alpha+1=0$

양변에 $\alpha-1$을 곱하면 $(\alpha-1)(\alpha^2+\alpha+1)=0$

$\alpha^3-1=0 \quad \therefore \alpha^3=1$

또 $\beta=\dfrac{1-\sqrt{3}i}{2}$에서 $2\beta-1=-\sqrt{3}i$

양변을 제곱하여 정리하면 $\beta^2-\beta+1=0$

양변에 $\beta+1$을 곱하면

$(\beta+1)(\beta^2-\beta+1)=0$

$\beta^3+1=0 \quad \therefore \beta^3=-1$

$$\begin{aligned}\therefore\ &\alpha+\beta^2+\alpha^3+\beta^4+\alpha^5+\beta^6+\cdots+\alpha^{55}+\beta^{56}\\ &=(\alpha+\alpha^3+\alpha^5)+(\alpha^7+\alpha^9+\alpha^{11})+\cdots+(\alpha^{49}+\alpha^{51}+\alpha^{53})\\ &\qquad+\alpha^{55}+(\beta^2+\beta^4+\beta^6)+(\beta^8+\beta^{10}+\beta^{12})+\cdots\\ &\qquad+(\beta^{50}+\beta^{52}+\beta^{54})+\beta^{56}\\ &=(\alpha+1+\alpha^2)+\alpha^6(\alpha+1+\alpha^2)+\cdots+(\alpha^6)^8(\alpha+1+\alpha^2)\\ &\qquad+(\alpha^6)^9\times\alpha+(\beta^2-\beta+1)+\beta^6(\beta^2-\beta+1)+\cdots\\ &\qquad+(\beta^6)^8(\beta^2-\beta+1)+(\beta^6)^9\times\beta^2\\ &=\alpha+\beta^2=\alpha+\beta-1\\ &=\frac{-1+\sqrt{3}i}{2}+\frac{1-\sqrt{3}i}{2}-1=-1\end{aligned}$$

06 ㄱ. 방정식 $x^3-1=0$의 한 허근이 ω이므로 $\omega^3=1$

$\therefore \omega^{10}=(\omega^3)^3\times\omega=\omega$ (참)

ㄴ. $x^3-1=(x-1)(x^2+x+1)=0$에서 ω가 이차방정식 $x^2+x+1=0$의 한 근이므로 $\overline{\omega}$도 근이 된다.

즉, $\omega^2+\omega+1=0$, $\overline{\omega}^2+\overline{\omega}+1=0$이므로

$\dfrac{\omega^2}{1+\omega}+\dfrac{\overline{\omega}}{1+\overline{\omega}^2}=\dfrac{\omega^2}{-\omega^2}+\dfrac{\overline{\omega}}{-\overline{\omega}}=-2$ (거짓)

ㄷ. $$\begin{aligned}\omega^{4n}+(\omega+1)^{4n}+1&=(\omega^3\times\omega)^n+(-\omega^2)^{4n}+1\\ &=(\omega^3\times\omega)^n+(\omega^3)^{2n}\times\omega^{2n}+1\\ &=\omega^n+\omega^{2n}+1\\ &=\omega^{2n}+\omega^n+1=0\end{aligned}$$

(i) $n=3k$ $(k=1, 2, 3, \cdots)$이면

$\omega^{2n}=1$, $\omega^n=1$이므로 $\omega^{2n}+\omega^n+1=3$

(ii) $n=3k+1$ $(k=0, 1, 2, \cdots)$이면

$\omega^{6k+2}+\omega^{3k+1}+1=\omega^2+\omega+1=0$

(iii) $n=3k+2$ $(k=0, 1, 2, \cdots)$이면

$\omega^{6k+4}+\omega^{3k+2}+1=\omega^4+\omega^2+1=\omega+\omega^2+1=0$

따라서 3의 배수는 $\omega^{4n}+(\omega+1)^{4n}+1=0$을 만족시키지 않으므로 위의 식을 만족시키는 30 이하의 양의 정수 n의 개수는 $30-10=20$ (거짓)

따라서 옳은 것은 ㄱ뿐이다.

07 주어진 방정식의 두 근이 1, -1이므로

$x=1$을 대입하면 $-a+b=-2$ ······㉠

$x=-1$을 대입하면 $a+b=4$ ······㉡

㉠, ㉡을 연립하여 풀면 $a=3$, $b=1$ ······㉮

즉, 사차방정식 $x^4-3x^3-2x^2+3x+1=0$을 조립제법을 이용하여 인수분해하면

$$\begin{array}{r|rrrrr} 1 & 1 & -3 & -2 & 3 & 1\\ & & 1 & -2 & -4 & -1\\ \hline -1 & 1 & -2 & -4 & -1 & 0\\ & & -1 & 3 & 1 & \\ \hline & 1 & -3 & -1 & 0 & \end{array}$$

$(x-1)(x+1)(x^2-3x-1)=0$ ······㉯

따라서 나머지 두 근은 이차방정식 $x^2-3x-1=0$의 두 근이므로 근과 계수의 관계에 의하여 두 근의 합은 3이다. ······㉰

채점 기준	배점
㉮ $a=3$, $b=1$ 구하기	2점
㉯ 조립제법 구하기	2점
㉰ 답 구하기	2점

핵심 포인트

사차방정식의 풀이

① 주어진 사차방정식을 $f(x)=ABCD=0$의 꼴로 만든다.

② $A=0$ 또는 $B=0$ 또는 $C=0$ 또는 $D=0$임을 이용하여 해를 구한다.

08 $f(x)=x^3-3x^2+(k+2)x-k$로 놓으면

$f(1)=1-3+(k+2)-k=0$

이므로 조립제법을 이용하여 $f(x)$를 인수분해하면

$$\begin{array}{r|rrrr} 1 & 1 & -3 & k+2 & -k\\ & & 1 & -2 & k\\ \hline & 1 & -2 & k & 0 \end{array}$$

$f(x)=(x-1)(x^2-2x+k)$

즉, 주어진 방정식은

$(x-1)(x^2-2x+k)=0$ ······㉮

$\therefore x=1$ 또는 $x^2-2x+k=0$

이때, 이차방정식 $x^2-2x+k=0$의 두 실근을 α, β $(\alpha>\beta)$라 하면 빗변의 길이가 1보다 크므로 α의 값이 직각삼각형의 빗변의 길이이다.

피타고라스 정리에 의하여

$\beta^2+1=\alpha^2$, $\alpha^2-\beta^2=1$

$\therefore (\alpha+\beta)(\alpha-\beta)=1$ ······㉠

이차방정식의 근과 계수의 관계에 의하여

$\alpha+\beta=2$ ······㉡

이므로 이 값을 ㉠에 대입하면

$\alpha-\beta=\dfrac{1}{2}$ ······㉢ ······㉯

㉡, ㉢을 연립하여 풀면

$\alpha=\dfrac{5}{4}$, $\beta=\dfrac{3}{4}$

또 $\alpha\beta=k$이므로

$\alpha\beta=\dfrac{5}{4}\times\dfrac{3}{4}=k$

$\therefore k=\dfrac{15}{16}$

$\therefore 16k=15$ ······㉰

채점 기준	배점
㉮ $(x-1)(x^2-2x+k)=0$으로 놓기	2점
㉯ $\alpha+\beta=2$, $\alpha-\beta=\frac{1}{2}$ 구하기	3점
㉰ 답 구하기	3점

[부록 3회] 고차방정식

01 ① **02** ⑤ **03** ② **04** ④ **05** ⑤
06 ③ **07** 16 **08** $\frac{3}{2}$

01 삼차방정식 $x^3-5x^2-4x+3=0$의 세 근이 α, β, γ이므로
근과 계수의 관계에 의하여
$\alpha+\beta+\gamma=5$, $\alpha\beta+\beta\gamma+\gamma\alpha=-4$, $\alpha\beta\gamma=-3$
$\therefore (1-\alpha)(1-\beta)(1-\gamma)$
$=1-(\alpha+\beta+\gamma)+(\alpha\beta+\beta\gamma+\gamma\alpha)-\alpha\beta\gamma$
$=1-5+(-4)-(-3)$
$=-5$

[다른 풀이]
$f(x)=x^3-5x^2-4x+3$으로 놓으면 삼차방정식 $f(x)=0$의 세 근이 α, β, γ이므로 $f(\alpha)=0$, $f(\beta)=0$, $f(\gamma)=0$
인수정리에 의하여 $f(x)=(x-\alpha)(x-\beta)(x-\gamma)$
따라서 $x=1$을 대입하면
$f(1)=(1-\alpha)(1-\beta)(1-\gamma)=-5$

> **핵심 포인트**
> 삼차방정식의 근과 계수의 관계
> 삼차방정식 $ax^3+bx^2+cx+d=0$의 세 근이 α, β, γ일 때,
> $\alpha+\beta+\gamma=-\frac{b}{a}$, $\alpha\beta+\beta\gamma+\gamma\alpha=\frac{c}{a}$, $\alpha\beta\gamma=-\frac{d}{a}$

02 $x^4-5x^2-6=0$에서 $x^2=t$로 치환하면
$t^2-5t-6=0$
$(t+1)(t-6)=0$
$\therefore t=-1$ 또는 $t=6$
$x^2=-1$에서 $x=-i$ 또는 $x=i$
$x^2=6$에서 $x=-\sqrt{6}$ 또는 $x=\sqrt{6}$
$\therefore x=-i$ 또는 $x=i$ 또는 $x=-\sqrt{6}$ 또는 $x=\sqrt{6}$
$\therefore \alpha\beta+\gamma\delta=-6+1=-5$

03 $x^2-x+1=0$의 한 허근이 ω이므로 $\omega^2-\omega+1=0$
$-\omega+1=-\omega^2$, $\omega^2+1=\omega$
또 $\omega^2-\omega+1=0$의 양변에 $\omega+1$을 곱하면
$(\omega+1)(\omega^2-\omega+1)=0$, $\omega^3+1=0$ $\quad\therefore \omega^3=-1$
$\therefore (1-\omega)(1+\omega^2)(1-\omega^3)(1+\omega^4)(1-\omega^5)$
$=(1-\omega)(1+\omega^2)(1-\omega^3)(1+\omega^3\times\omega)(1-\omega^3\times\omega^2)$
$=(-\omega^2)\times\omega\times2\times(-\omega^2)\times\omega$
$=\omega^6\times2=2$

04 $f(x)=0$의 세 근이 α, β, γ이므로
$f(x)=a(x-\alpha)(x-\beta)(x-\gamma)$라 하면
$f(3x-2)=a(3x-2-\alpha)(3x-2-\beta)(3x-2-\gamma)$
$f(3x-2)=0$에서
$3x-2-\alpha=0$, $3x-2-\beta=0$, $3x-2-\gamma=0$
$\therefore x=\frac{\alpha+2}{3}$, $x=\frac{\beta+2}{3}$, $x=\frac{\gamma+2}{3}$
따라서 $f(3x-2)=0$의 세 근의 합은
$\frac{\alpha+2}{3}+\frac{\beta+2}{3}+\frac{\gamma+2}{3}=\frac{\alpha+\beta+\gamma+6}{3}$
$=\frac{18+6}{3}=8$

[다른 풀이]
α, β, γ는 $f(x)=0$의 세 근이므로
$f(\alpha)=0$, $f(\beta)=0$, $f(\gamma)=0$
이때, $f(3x-2)=0$의 근은
$3x-2=\alpha$, $3x-2=\beta$, $3x-2=\gamma$
$\therefore x=\frac{\alpha+2}{3}$, $x=\frac{\beta+2}{3}$, $x=\frac{\gamma+2}{3}$
따라서 세 근의 합은
$\frac{\alpha+2}{3}+\frac{\beta+2}{3}+\frac{\gamma+2}{3}=\frac{\alpha+\beta+\gamma+6}{3}=8$

05 $x^3-1=0$에서 $(x-1)(x^2+x+1)=0$의 한 허근이 ω이므로
$\omega^3=1$, $\omega^2+\omega+1=0$
ㄱ. $1+\omega=-\omega^2$
$\therefore (1+\omega)^2=(-\omega^2)^2=\omega^4=\omega$ (참)
ㄴ. $(1+\omega)^{10}=(-\omega^2)^{10}=\omega^{20}=\omega^{3\times6}\times\omega^2=\omega^2$ (참)
ㄷ. $(1+\omega)^3=(1+\omega)^9=\cdots=-1$
$(1+\omega)^6=(1+\omega)^{12}=\cdots=1$
$\therefore (1+\omega)^{3n}=(-1)^n$ (참)
따라서 ㄱ, ㄴ, ㄷ 모두 옳다.

06 네 귀퉁이를 잘라내어 만든 상자의 부피가 $48\,\text{cm}^3$이므로
$x(8-2x)(10-2x)=48$
$x^3-9x^2+20x-12=0$
조립제법을 이용하여 인수분해하면

1	1	−9	20	−12
		1	−8	12
	1	−8	12	0

$(x-1)(x^2-8x+12)=0$
$(x-1)(x-2)(x-6)=0$
$\therefore x=1$ 또는 $x=2$ 또는 $x=6$
그런데 $0<x<4$이므로 $x=1$ 또는 $x=2$
따라서 실수 x의 모든 값의 합은 $1+2=3$

> **핵심 포인트**
> 고차방정식의 활용
> ① 구하는 것을 x로 놓는다.
> ② 주어진 조건에 맞추어 식을 세운다.
> ③ 해를 구하고, 그 해가 조건에 맞는지 확인한다.

07 방정식 $x^4+ax^2+b=0$의 한 근이 $1-i$이므로
$(1-i)^4+a(1-i)^2+b=0$

이때, $(1-i)^2=1-2i-1=-2i$이므로 ······㉮

$(-2i)^2+a\times(-2i)+b=0$

$\therefore (b-4)-2ai=0$

따라서 a, b가 실수이므로

$b-4=0$, $2a=0$

$\therefore a=0, b=4$

$\therefore a^2+b^2=16$ ······㉯

채점 기준	배점
㉮ $(1-i)^2=-2i$ 구하기	3점
㉯ 답 구하기	3점

08 $x^3=1$에서 $(x-1)(x^2+x+1)=0$이므로

$\omega^3=1$, $\omega^2+\omega+1=0$ ······㉮

$f(1)=\dfrac{\omega}{1+\omega^2}=\dfrac{\omega}{-\omega}=-1$

$f(2)=\dfrac{\omega^2}{1+\omega^4}=\dfrac{\omega^2}{1+\omega}=-1$

$f(3)=\dfrac{\omega^3}{1+\omega^6}=\dfrac{1}{1+1}=\dfrac{1}{2}$

$f(4)=\dfrac{\omega^4}{1+\omega^8}=\dfrac{\omega}{1+\omega^2}=\dfrac{\omega}{-\omega}=-1$

$f(5)=\dfrac{\omega^5}{1+\omega^{10}}=\dfrac{\omega^2}{1+\omega}=-1$

$f(6)=\dfrac{\omega^6}{1+\omega^{12}}=\dfrac{1}{1+1}=\dfrac{1}{2}$

⋮

$\therefore f(1)=f(4)=f(7)=f(10)=f(13)=f(16)=-1$,

$f(2)=f(5)=f(8)=f(11)=f(14)=-1$,

$f(3)=f(6)=f(9)=f(12)=f(15)=\dfrac{1}{2}$ ······㉯

따라서 $f(1)-f(2)+f(3)-\cdots-f(6)=0$이므로

$f(1)-f(2)+f(3)+\cdots-f(16)$

$=f(13)-f(14)+f(15)-f(16)$

$=-1-(-1)+\dfrac{1}{2}-(-1)$

$=\dfrac{3}{2}$ ······㉰

채점 기준	배점
㉮ $\omega^3=1$, $\omega^2+\omega+1=0$ 구하기	2점
㉯ -1, -1, $\frac{1}{2}$의 규칙성 찾기	2점
㉰ 답 구하기	4점

[부록 4회] 연립방정식

01 ①	02 ④	03 ②	04 ⑤	05 ③
06 ④	07 $\frac{11}{2}$	08 9 m, 12 m		

01 $\begin{cases} x+y=5 & \cdots\cdots ㉠ \\ x^2+2xy+2y^2=26 & \cdots\cdots ㉡ \end{cases}$

㉠에서 $y=-x+5$를 ㉡에 대입하면

$x^2+2x(-x+5)+2(-x+5)^2=26$

$x^2-10x+24=0$, $(x-4)(x-6)=0$

$\therefore x=4$ 또는 $x=6$

이것을 ㉠에 대입하면

$\begin{cases} x=4 \\ y=1 \end{cases}$ 또는 $\begin{cases} x=6 \\ y=-1 \end{cases}$

$\therefore abcd=-24$

02 $\begin{cases} x-y=k & \cdots\cdots ㉠ \\ x^2+y^2=8 & \cdots\cdots ㉡ \end{cases}$

㉠에서 $y=x-k$를 ㉡에 대입하면

$x^2+(x-k)^2=8$

$2x^2-2kx+k^2-8=0$ ······㉢

주어진 연립방정식이 오직 한 쌍의 해를 가지려면 ㉢이 중근을 가져야 하므로

$\dfrac{D}{4}=(-k)^2-2(k^2-8)=0$

$k^2=16$

$\therefore k=4$ ($\because k>0$)

03 $\begin{cases} x^2=y^2 & \cdots\cdots ㉠ \\ 3x^2=xy+8 & \cdots\cdots ㉡ \end{cases}$

㉠을 인수분해하면 $x^2-y^2=0$, $(x-y)(x+y)=0$

$\therefore y=x$ 또는 $y=-x$

(i) $y=x$를 ㉡에 대입하면 $2x^2=8$

$\therefore x=\pm2$, $y=\pm2$ (복부호 동순)

(ii) $y=-x$를 ㉡에 대입하면 $4x^2=8$

$\therefore x=\pm\sqrt{2}$, $y=\mp\sqrt{2}$ (복부호 동순)

(i), (ii)에 의하여

$\begin{cases} x=-2 \\ y=-2 \end{cases}$ 또는 $\begin{cases} x=2 \\ y=2 \end{cases}$ 또는 $\begin{cases} x=-\sqrt{2} \\ y=\sqrt{2} \end{cases}$ 또는 $\begin{cases} x=\sqrt{2} \\ y=-\sqrt{2} \end{cases}$

따라서 $x>y$를 만족시키는 y의 값은 $-\sqrt{2}$이다.

04 $\begin{cases} x^2-2xy-3y^2=5 & \cdots\cdots ㉠ \\ 2x^2+3xy+y^2=3 & \cdots\cdots ㉡ \end{cases}$

㉡$\times5-$㉠$\times3$을 하면 $7x^2+21xy+14y^2=0$

$x^2+3xy+2y^2=0$, $(x+2y)(x+y)=0$

$\therefore x=-2y$ 또는 $x=-y$

(i) $x=-2y$를 ㉠에 대입하면

$4y^2+4y^2-3y^2=5$, $y^2=1$

$\therefore y=1$ 또는 $y=-1$

(ii) $x=-y$를 ㉠에 대입하면

$y^2+2y^2-3y^2=5$

$0\times y^2=5$이므로 해가 없다.

(i), (ii)에서 $\begin{cases} x=2 \\ y=-1 \end{cases}$ 또는 $\begin{cases} x=-2 \\ y=1 \end{cases}$

$\therefore \alpha^2+\beta^2=5$

핵심 포인트

연립이차방정식 – 소거형
두 이차방정식이 모두 인수분해되지 않는 경우
(1) 이차항을 소거하여 일차방정식을 만든 후, 이차방정식과 연립하여 푼다.
(2) 상수항을 소거하여 인수분해되는 이차방정식을 만든 후, 인수분해하여 얻은 2개의 일차식을 다른 이차방정식과 각각 연립하여 푼다.

05 $\begin{cases} x+y-xy=1 \\ 2x+2y-3xy=8 \end{cases}$

에서 $x+y=u$, $xy=v$라 하면 연립방정식은

$\begin{cases} u-v=1 & \cdots\cdots ㉠ \\ 2u-3v=8 & \cdots\cdots ㉡ \end{cases}$

$2\times$㉠$-$㉡을 하면 $v=-6$

$v=-6$을 ㉠에 대입하면 $u=-5$

$u=-5$, $v=-6$, 즉 $x+y=-5$, $xy=-6$을 만족시키는 x, y는 이차방정식 $t^2+5t-6=0$의 두 근이므로

$(t+6)(t-1)=0$

$\therefore t=-6$ 또는 $t=1$

따라서 연립방정식의 해는

$\begin{cases} x=-6 \\ y=1 \end{cases}$ 또는 $\begin{cases} x=1 \\ y=-6 \end{cases}$

$\therefore xy=-6$

핵심 포인트

$x+y$, xy를 포함한 연립방정식
① $x+y=u$, $xy=v$로 놓는다.
② u, v에 대한 연립방정식으로 변형하여 푼다.
③ x, y가 이차방정식 $t^2-ut+v=0$의 두 근임을 이용한다.

06 $(x+y)^2=x^2+y^2+2xy=25-24=1$

$\therefore x+y=1$ 또는 $x+y=-1$

(i) $x+y=1$, $xy=-12$일 때,
x, y는 이차방정식 $t^2-t-12=0$의 두 근이므로
$(t+3)(t-4)=0$
$\therefore t=-3$ 또는 $t=4$

(ii) $x+y=-1$, $xy=-12$일 때,
x, y는 이차방정식 $t^2+t-12=0$의 두 근이므로
$(t+4)(t-3)=0$
$\therefore t=-4$ 또는 $t=3$

(i), (ii)에서

$\begin{cases} x=-3 \\ y=4 \end{cases}$ 또는 $\begin{cases} x=4 \\ y=-3 \end{cases}$ 또는 $\begin{cases} x=-4 \\ y=3 \end{cases}$ 또는 $\begin{cases} x=3 \\ y=-4 \end{cases}$

따라서 $x-2y$의 최댓값은 11이다.

07 두 연립방정식의 해가 같으므로

$\begin{cases} x-y=3 & \cdots\cdots ㉠ \\ x^2+y^2=17 & \cdots\cdots ㉡ \end{cases}$

㉠에서 $y=x-3$을 ㉡에 대입하면

$x^2+(x-3)^2=17$, $x^2-3x-4=0$

$(x-4)(x+1)=0$

$\therefore x=-1$ 또는 $x=4$ ······㉮

이것을 ㉠에 대입하면

$\begin{cases} x=-1 \\ y=-4 \end{cases}$ 또는 $\begin{cases} x=4 \\ y=1 \end{cases}$

(i) $x=-1$, $y=-4$를 대입하면
$-a+4=1$ $\quad\therefore a=3$
$-1-4=b$ $\quad\therefore b=-5$

(ii) $x=4$, $y=1$을 대입하면
$4a-1=1$ $\quad\therefore a=\frac{1}{2}$
$4+1=b$ $\quad\therefore b=5$

(i), (ii)에서 $a=\frac{1}{2}$, $b=5$ ($\because a<b$)

$\therefore a+b=\frac{11}{2}$ ······㉯

채점 기준	배점
㉮ $x=-1$ 또는 $x=4$ 구하기	3점
㉯ 답 구하기	3점

08 처음 직각삼각형의 빗변이 아닌 두 변의 길이를 각각 x m, y m라 하면

$x^2+y^2=15^2$ ······㉠ ······㉮

$\frac{1}{2}(x-3)(y-3)+27=\frac{1}{2}xy$

$\therefore x+y=21$ ······㉡ ······㉯

㉡에서 $y=21-x$ ······㉢

㉢을 ㉠에 대입하면

$x^2+(21-x)^2=15^2$, $x^2-21x+108=0$

$(x-9)(x-12)=0$

$\therefore x=9$ 또는 $x=12$

이것을 ㉡에 대입하면 $y=12$ 또는 $y=9$

$\therefore \begin{cases} x=9 \\ y=12 \end{cases}$ 또는 $\begin{cases} x=12 \\ y=9 \end{cases}$

따라서 처음 꽃밭의 직각을 낀 두 변의 길이는 9 m, 12 m이다. ······㉰

채점 기준	배점
㉮ 식 $x^2+y^2=15^2$ 세우기	2점
㉯ 식 $x+y=21$ 세우기	2점
㉰ 답 구하기	4점

한눈에 보는 정답 [고1 수학]

내신파이널

■ 1학년 1학기 중간고사

01회

01 ① 02 ⑤ 03 ③ 04 ④ 05 ② 06 ① 07 ③ 08 ④ 09 ③ 10 ⑤ 11 ② 12 ④ 13 ③ 14 ①
15 ① 16 ③ 17 ⑤ 18 ② 19 10 20 32 21 4 22 1 23 -2

02회

01 ④ 02 ① 03 ① 04 ④ 05 ① 06 ② 07 ③ 08 ② 09 ① 10 ④ 11 ⑤ 12 ③ 13 ② 14 ③
15 ⑤ 16 ⑤ 17 ② 18 ③ 19 $-i$ 20 $a=\frac{2}{3}$ 또는 $a=6$ 21 $a\leq 0$ 22 -8 23 $4-\sqrt{10}$

03회

01 ④ 02 ② 03 ⑤ 04 ① 05 ⑤ 06 ② 07 ③ 08 ⑤ 09 ① 10 ② 11 ④ 12 ① 13 ⑤ 14 ④
15 ④ 16 ① 17 ③ 18 ③ 19 $\frac{1}{6}$ 20 $3x-2$ 21 $-\frac{3}{4}$ 22 1023 23 9

04회

01 ② 02 ④ 03 ① 04 ② 05 ③ 06 ① 07 ⑤ 08 ③ 09 ④ 10 ② 11 ⑤ 12 ⑤ 13 ① 14 ③
15 ⑤ 16 ② 17 ④ 18 ④ 19 8 20 19 21 -8 22 13 23 47

05회

01 ③ 02 ③ 03 ① 04 ⑤ 05 ④ 06 ② 07 ② 08 ⑤ 09 ⑤ 10 ① 11 ④ 12 ② 13 ② 14 ①
15 ④ 16 ③ 17 ⑤ 18 ① 19 10 20 8 21 -2 22 239 23 최댓값: 30, 최솟값: $\frac{15}{8}$

06회

01 ④ 02 ① 03 ③ 04 ③ 05 ② 06 ⑤ 07 ⑤ 08 ④ 09 ④ 10 ② 11 ① 12 ① 13 ② 14 ②
15 ③ 16 ⑤ 17 ③ 18 ④ 19 2 20 -5 21 -7 22 47 23 $\frac{5}{3}$

07회

01 ④ 02 ① 03 ③ 04 ⑤ 05 ④ 06 ① 07 ⑤ 08 ② 09 ② 10 ④ 11 ③ 12 ③ 13 ② 14 ②
15 ① 16 ③ 17 ④ 18 ⑤ 19 $x^2-6x+18=0$ 20 2 21 $0<k\leq\frac{9}{4}$ 22 2 23 9

08회

01 ④ **02** ② **03** ⑤ **04** ⑤ **05** ④ **06** ② **07** ④ **08** ③ **09** ③ **10** ① **11** ① **12** ① **13** ② **14** ⑤
15 ③ **16** ⑤ **17** ① **18** ③ **19** $f(x)=(x+1)(x-1)(x^2+2x+3)$ **20** $x^2-7x+12=0$ **21** 724 **22** 4
23 $\frac{33}{4}$

09회

01 ④ **02** ③ **03** ⑤ **04** ② **05** ④ **06** ⑤ **07** ① **08** ① **09** ③ **10** ④ **11** ② **12** ⑤ **13** ③ **14** ④
15 ① **16** ⑤ **17** ① **18** ③ **19** 3 **20** $(a+b)(b+c)(c+a)$ **21** 1940306 **22** 16 **23** 630

10회

01 ③ **02** ④ **03** ④ **04** ⑤ **05** ② **06** ④ **07** ① **08** ⑤ **09** ② **10** ① **11** ① **12** ⑤ **13** ② **14** ⑤
15 ③ **16** ① **17** ② **18** ④ **19** $-\frac{5}{2}$ **20** 0 **21** 39801 **22** 35 **23** 22

■ 부록

[1회] 고차방정식

01 ③ **02** ③ **03** ② **04** ④ **05** ① **06** ⑤ **07** 3 **08** 12

[2회] 고차방정식

01 ⑤ **02** ③ **03** ① **04** ④ **05** ② **06** ① **07** 3 **08** 15

[3회] 고차방정식

01 ① **02** ⑤ **03** ② **04** ④ **05** ⑤ **06** ③ **07** 16 **08** $\frac{3}{2}$

[4회] 연립방정식

01 ① **02** ④ **03** ② **04** ⑤ **05** ③ **06** ④ **07** $\frac{11}{2}$ **08** 9 m, 12 m